ABHANDLUNGEN DER SÄCHSISCHEN AKADEMIE
DER WISSENSCHAFTEN ZU LEIPZIG

Mathematisch-naturwissenschaftliche Klasse
Band 51 · Heft 4

MAXIMILIAN KLINKOWSKI

EPIDEMIEN UND PANDEMIEN PFLANZENPATHOGENER KRANKHEITSERREGER IN IHRER BEZIEHUNG ZUM MENSCHEN

Mit 41 Abbildungen und 4 Tabellen

AKADEMIE-VERLAG · BERLIN
1971

Vorgetragen in der Sitzung vom 15. 6. 1970
Manuskript eingeliefert am 29. 12. 1970
Druckfertig erklärt am 24. September 1971

Die Drucklegung der vorliegenden Arbeit wurde freundlicherweise von Herrn Prof. Dr. R. FRITZSCHE (Aschersleben) betreut

Erschienen im Akademie-Verlag GmbH, 108 Berlin, Leipziger Straße 3—4

Lizenznummer: 202 · 100/631/71 · Kartengenehmigung: MdI der DDR Nr. P 304/71
Gesamtherstellung: VEB Druckhaus „Maxim Gorki", DDR-74 Altenburg
Bestellnummer: 2025/51/4 · ES 22 F
EDV-Nummer: 761 628 3
10,70
Printed in German Democratic Republic

Viele Erreger von Pflanzenkrankheiten, insbesondere dann, wenn sie aus ihrem endemischen Herkunftsgebiet in Länder verschleppt werden, die bisher noch nicht von dem betreffenden Parasiten besiedelt waren, haben Epidemien und Pandemien ausgelöst. Diese Tatbestände waren oft von weittragender Bedeutung für den Menschen. In diesem Zusammenhang sind insbesondere der europäische und der amerikanische Kontinent zu nennen. Der Zeitfaktor,

Abb. 1. *Synchytrium endobioticum* (Schilb.) Perc. (Foto R. SCHWARTZ)

Anmerkung:
Bei dieser Arbeit handelt es sich um eine erweiterte Fassung des Beitrages „Catastrophic Plant Diseases" in Annu. Rev. Phytopathology 8, 1970 mit Genehmigung der Annual Reviews Inc., Palo Alto, Calif.

der in früheren Jahrhunderten, hinsichtlich der Überlebensfähigkeit des eingeschleppten Parasiten, besondere Bedeutung besaß, ist durch die modernen Möglichkeiten des Verkehrs zwischen entfernten Kontinenten, nahezu bedeutungslos geworden. Fast jedes Land der Welt muß daher heute als bedroht angesehen werden.

Amerika hat noch weit stärker als Europa unter der Einschleppung von Pflanzenkrankheiten und den dadurch bedingten wirtschaftlichen Schäden zu leiden, die im Mittel auf 3 Billionen Dollar geschätzt werden. So sind bis zum Jahre 1919 etwa 120 pflanzliche Infektionskrankheiten in die USA eingeschleppt worden. Der Weymouthskiefernblasenrost (*Cronartium ribicola* J. C. Fischer), der Kartoffelkrebs (*Synchytrium endobioticum* (Schilb.) Perc.) (Abb. 1) und das Ulmensterben (*Ceratocystis ulmi* (Buism.) C. Mor.) seien hier als Beispiele genannt. Aus Ostasien oder aus dem Orient wurde 1908 oder 1911 *Xanthomonas citri* (Hasse) Dowson, der Erreger des *Citrus*-Krebses (Abb. 2), eingeschleppt. Schwere Verluste in den *Citrus*-Kulturen von Florida waren die Folge. In diesem Fall gelang es durch die Radikalmaßnahme des Verbrennens erkrankter Bäume den Erreger wieder auszurotten.

Es gibt jedoch auch Erreger von Pflanzenkrankheiten, die aus Gründen unterschiedlicher Art von ihrem endemischen Herkunftsgebiet aus auf dem betreffenden Kontinent Epidemien von großer wirtschaftlicher Bedeutung ausgelöst haben.

Ende des 18. und im Verlauf des 19. Jahrhunderts hat die Pfirsichvergilbung in den USA große wirtschaftliche Schäden zur Folge gehabt. Betroffen waren insbesondere die Gebiete nördlich des Ohio und des Potomac und östlich des Mississippi. Der Pfirsichanbau kam im Verlauf weniger Jahre vielfach zum Erliegen.

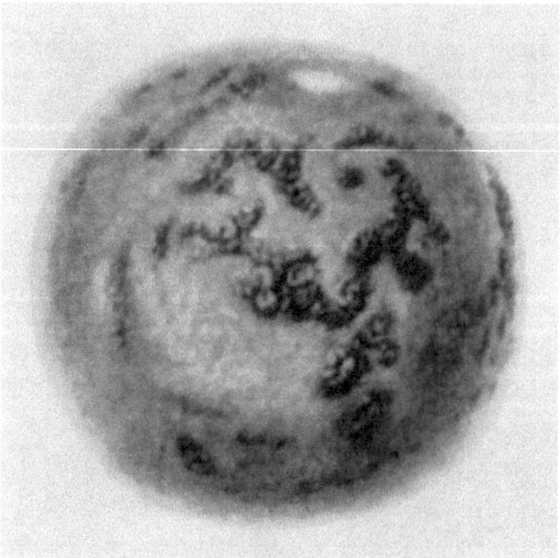

Abb. 2. *Xanthomonas citri* (Hasse) Dowson (nach PESOCKAJA und JAKOVLEVA)

RICHARD PETERS aus Philadelphia (zitiert nach SMITH 1888) hat diese Krankheit als erster beschrieben und ihr den Namen Pfirsichvergilbung gegeben. Später bezeichnete er sie als Degeneration des Pfirsichs. Am 11. Februar 1806 hielt er einen Vortrag ,,On peach trees“ vor der Philadelphia Society for Promoting Agriculture. Er stellte bereits damals fest, daß gesunde Bäume von benachbarten kranken angesteckt werden können. Die Krankheit blieb nicht auf Philadelphia beschränkt, sondern breitete sich auch in den Nachbarstaaten Delaware, New Jersey, Maryland und New York bedrohlich aus. Die Ursache der Krankheit, heute als zikadenübertragbare Virose erwiesen, blieb zunächst unbekannt. COXE aus New Jersey (1817) hat sich sehr ausführlich mit dieser Frage auseinandergesetzt. So standen u. a. zur Debatte der Pfirsichzweigbohrer und atmosphärische Einflüsse. Neben der in wenigen Tagen erfolgenden Vergilbung der Blätter sind besonders charakteristisch die vorzeitige Fruchtreife, die zuerst von PRINCE (1928) festgestellt wurde, die verminderte Qualität der Frucht und ihr bitterer Geschmack. Die mangelnde Kenntnis der Ätiologie führte dazu, daß als Bekämpfungsmaßnahme nur die Vernichtung erkrankter Bäume empfohlen werden konnte. Hierbei waren auch die Wurzeln restlos zu entfernen, um die Möglichkeiten einer Bodeninfektion auszuschließen. "War to the knife and the knife to the hilt" — absolute Vernichtung mit Stumpf und Stiel, durch Axt und Feuer. Die Pfirsichvergilbung wurde sehr bald zur Geißel des Pfirsichanbaues.

Sehr eindrucksvoll hat HEDRICK (1917) die Geschichte der Pfirsichvergilbung (peach yellows) in den USA beschrieben (Abb. 3). In unregelmäßig verlaufenden Zwischenräumen kam es in den USA immer wieder zu schweren Verlusten, die die Vernichtung ganzer Pfirsichplantagen zur Folge hatten. Derartige Schadensfälle sind aus den Jahren 1791, 1806—1807, 1817—1821, 1845—1858, 1874—1878, 1886—1888 und aus dem Jahre 1920 bekannt. Jahren des akuten Krankheitsbefalles folgten jeweils Perioden relativer Ruhe. In Pennsylvania berichtete WARREN (1851), daß die Mehrzahl der Pfirsichbäume durch die Vergilbung zerstört worden ist. RUTTER

Abb. 3. Pfirsichvergilbung (nach KUNKEL, BLAKE und MANNS)

(1880) spricht davon, daß Tausende von Bäumen abgestorben oder im Absterben begriffen sind. Die Auswirkung der Epidemie der achtziger Jahre scheint besonders stark gewesen zu sein. Am Ende des vergangenen Jahrhunderts betrug die Zahl tragfähiger Pfirsichbäume 1146342, die dann bis zum Jahre 1900 wieder auf 3521930 anstieg. Besonders groß, im Verhältnis zur bepflanzten Fläche, waren die Schäden im Staate New Jersey. In den Jahren nach 1840 hat PRINCE (1846) darauf hingewiesen, daß einst vorbildliche Pfirsichanlagen jetzt einen desolaten Anblick toter Bäume vermitteln. Colonel WILKINS (1875) schilderte die Verhältnisse in zwei Anbaugebieten, in denen eine Anbaufläche von 50000 acres vernichtet wurde. Wenige Jahre später schrieb er, daß nahezu der gesamte Pfirsichanbau in New Jersey zum Erliegen gekommen ist. Er schließt seine Ausführungen mit der Feststellung, daß in New Jersey der Pfirsichanbau der Vergangenheit angehört. Im Staate New York, nördlich vom primären Infektionszentrum der Pfirsichvergilbung, schilderte DOWNING (1849), daß in der Umgebung von Newburgh kaum ein Baum anzutreffen war, der nicht mehr oder weniger vergilbungskrank war. Inzwischen ist die Krankheit jedoch durch konsequentes Verbrennen aller erkrankten Bäume nahezu verschwunden. In Massachusetts, einem Gebiet, das für den Pfirsichanbau nur eine bedingte Bedeutung besitzt, wurde mitgeteilt, daß im Nordosten des Staates im Zeitraum 1842—1852 der Pfirsichanbau in Blüte stand, danach als Folge des Auftretens der Vergilbung jedoch nahezu vollständig aufgegeben werden mußte. Ein instruktives Bild bietet das westliche Michigan. In Berrien County umfaßte die Anbaufläche im Jahre 1874 6000 acres. Im Verlauf eines Jahrhunderts sank die Anbaufläche auf 503 acres (SMITH 1888). Im östlichen Michigan trat die Vergilbung erst später in Erscheinung. Sie wurde konsequent durch Vernichtung erkrankter Bäume bekämpft, so daß der Schaden hier wesentlich geringer war. Mit 1919104 Bäumen erreichte in den achtziger Jahren der Pfirsichanbau in Michigan einen Tiefstand, um dann im Verlaufe eines Jahrzehnts wieder auf 8104415 Bäume anzusteigen. Das Auftreten der Krankheit läßt eine Korrelation zur Konsequenz der Bekämpfungsmaßnahmen (Vernichtung erkrankter Bäume) deutlich sichtbar werden. Dies möge ein Vergleich zwischen Michigan und Delaware illustrieren. Während man in Michigan durch fortgesetzte Vernichtung befallener Bäume den Schaden in erträglichen Grenzen zu halten wußte, hat man es in Delaware in der ersten Hälfte des Jahrhunderts an entsprechender Konsequenz fehlen lassen. Man mußte dementsprechend einen hohen Tribut entrichten. In Delaware betrug im Jahre 1890 die Zahl tragfähiger Pfirsichbäume 4521623, sie verminderte sich in der nachfolgenden Dekade auf 1177402 Bäume. Dementsprechend sank der Preis für Pfirsich geeigneter Anbauflächen um die Hälfte bis zu einem Viertel im Vergleich zur Blütezeit des Pfirsichanbaues, eine Generation zuvor. Maryland bietet, wie kaum ein anderer Staat in den USA, beste Möglichkeiten für den Pfirsichanbau. Auch hier hat die Vergilbung ihren Tribut gefordert, ohne jedoch gleiche Schäden wie in Delaware auszulösen. Die Vergilbung entfaltet hier nach E. F. SMITH (1888) nicht die gleiche Virulenz bzw. wird durch umgehende Vernichtung der erkrankten Bäume in Schach gehalten. Beeindruckend ist in Delaware die starke Verminderung der Zahl tragfähiger Pfirsichbäume. Im Jahre 1889 wurden 6113287 Bäume gezählt, 1899 betrug die Zahl 4017854 und 1909 nur 1497724. Im Süden, westlich des Mississippi und an der pazifischen Küste, ist die Vergilbung des Pfirsichs niemals epidemisch aufgetreten.

Auch außerhalb der USA ist epidemisches Auftreten bekannt geworden. So berichtet LEVISHKO (1960), daß in der Turkmenischen SSR die Ertragsdepressionen 92% betrugen.

Es sei noch auf eine zweite Pfirsichvirose näher eingegangen. Zunächst als Kuriosität angesehen, wurde im Jahre 1885 in Georgia eine Krankheit festgestellt, die wir heute als progressive Zwergwüchsigkeit (phony peach) bezeichnen (Abb. 4). Bereits 30 Jahre später, zunächst in einem begrenzten Gebiet, waren Tausende von Pfirsichbäumen erkrankt. Bei voller Belaubung der Bäume sind Verkürzung der Internodien und Bildung zahlreicher Seitentriebe charakteristisch. Mit Fortschreiten der Erkrankung wird das Holz brüchig, die terminalen Zweige sterben ab. Die Bäume können jahrelang lebensfähig bleiben, liefern jedoch nach HUTCHINS, COCHRAN und TURNER (1951) nur Früchte minderer Qualität. 1928 wurde die viröse Natur dieser Erkrankung nachgewiesen. Die wirtschaftliche Bedeutung kommt dadurch zum Ausdruck, daß allein im Staate Georgia rund eine Million Bäume dieser Krankheit zum Opfer fielen. Nach Berichten des United States Department of Agriculture sind insgesamt 2,6 Millionen

Abb. 4. Progressive Zwergwüchsigkeit des Pfirsichs (nach HUTCHINS, COCHRAN und TURNER)

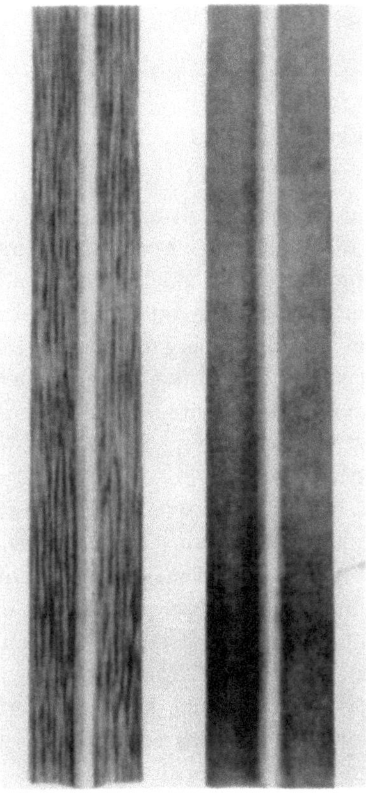

Abb. 5. Das Zuckerrohrmosaik; links virusinfiziert, rechts gesund (nach ABBOTT)

Bäume vernichtet worden, was einem Wert von 75 Millionen Dollar entspricht. Die Vernichtung erkrankter Bäume ist seit den Jahren 1929 bzw. 1934 durch Quarantänebestimmungen geregelt. Diese und andere Maßnahmen haben dazu geführt, daß die Krankheit in vielen früheren Befallsgebieten seit 1944 nicht mehr aufgetreten ist, in anderen die Befallshäufigkeit wesentlich geringer wurde (KLINKOWSKI 1960). Eine weitere Virose läßt erkennbar werden, daß die Kultur einer Nutzpflanze nahezu zum Erliegen kommen kann. Das Zuckerrohrmosaik (sugarcane mosaic) erstmalig 1892 beschrieben, im Jahre 1920 als Virose nachgewiesen, hat sich in einem unverhältnismäßig kurzen Zeitraum über alle Anbaugebiete dieser Nutzpflanze ausgebreitet (Abb. 5). Es wurde die Gramineenvirose mit dem größten Verbreitungsareal. Charakteristisch sind in ihren Umrissen nahezu ovale, stets parallel zur Mittelrippe verlaufende Fleckenbildungen auf der Blattspreite. Gelegentlich tritt auch eine Blattscheckung auf. Ebenso kann der Stengel gescheckt oder marmoriert sein. In anderen Fällen stirbt das Stengelgewebe an den verfärbten Stellen ab und wird nekrotisch (canker-Stadium). Im ersten Jahr der Erkrankung kommt es nicht zu nennenswerten Schäden. Ernstere Formen nimmt die Krankheit nach EARLE (1928) im darauffolgenden Jahr an, insbesondere bei Pflanzen, die sich aus erkrankten Stecklingen entwickelt haben (Tab. 1).

Tabelle 1

Anbau von Zuckerrohr auf benachbarten Feldstücken

(Versuchsstation Kuba — nach EARLE)

Anbaujahr	Ernte in pounds			
	mosaikkrankes Pflanzgut	gesundes Pflanzgut	Differenz	Verlust
1925 (1. Nutzungsjahr)	4509,5	12173,5	7554,0	61
1926 (2. Nutzungsjahr)	1322,1	8321,75	6999,5	84

Ähnliche Verluste traten auch in anderen Anbaugebieten auf und waren so bedeutsam, daß es eine Zeitlang schien, als ob die Kultur des Zuckerrohrs in der Welt zum Erliegen kommen sollte. In Louisiana sank, bedingt durch das Zuckerrohrmosaik, die Rohrzuckererzeugung von 400000 t auf 50000 t. Das Zuckerrohrmosaik hat überall in der Welt die alten eingebürgerten Sorten zugrunde gerichtet, und nur der Übergang auf hochtolerante Sorten hat einen Ruin verhüten können. Die ersten grundlegenden Züchtungen dieser Art wurden an der Proefstation Oost Jave durchgeführt und diese Sorten entsprechend als P.O.J.-Sorten bezeichnet. In den Südstaaten der USA sind heute vielfach an ihre Stelle die Co-Sorten (Coimbatore/Indien) und die CP-Sorten (Cana Point/Florida) getreten.

Eine Kernobstvirose, deren Ausbreitung wir in den letzten zwei Jahrzehnten verfolgen konnten, ist in ihren Zusammenhängen sehr aufschlußreich. Die als Birnenverfall (pear decline) bezeichnete Krankheit (Abb. 6), deren Ätiologie zunächst ungeklärt blieb, wurde erstmalig 1948 in British Columbia beschrieben (McLARTY 1948). Im gleichen Jahr wurde sie auch im Staate Washington festgestellt und 7 Jahre danach in Oregon. Im Jahre 1959 wurde über ihr Vorkommen im Staate Kalifornien berichtet (NICHOLS et al. — 1960). Die Krankheitssymptome können unterschiedlich sein. Erkrankte Bäume können innerhalb weniger Wochen absterben (quick decline), in anderen Fällen weisen sie vermindertes Wachstum auf und können in diesem Zustand mehrere Jahre beharren (slow decline). In einigen Fällen kann die Frucht klein bleiben.

In Kalifornien wurde im Jahre 1959 die Zahl der abgestorbenen Bäume auf 100000 geschätzt (NICHOLS et al. 1960). Im darauffolgenden Jahr stieg die Zahl bereits auf das Zehnfache (NICHOLS and SHALLA 1960). Bis zum Jahre 1964 waren rund eine Million Bäume längs der Pazi-

Abb. 6. Birnenverfall an „Gellert“ (nach KEGLER)

fischen Küste von Nordamerika der Krankheit zum Opfer gefallen (STOUT 1963). Die Aufgabe vieler Plantagen war eine zwangsläufige Folge (RACKHAM, ALDERMAN, O'REILLY und NICHOLS 1964). JENSEN, GRIGGS, GONZALES und SCHNEIDER (1964) konnten nachweisen, daß *Psylla pyricola* Foerster als Vektor des pear decline virus fungiert. Mit dieser Feststellung ergaben sich interessante Zusammenhänge zwischen der Verbreitung des Vektors und des Virus in Kalifornien. Virusfreie *Psylla* gelangten nach Kalifornien auf zwei Wegen: im Küstengebiet und östlich des Siskoyou-Gebirges. Die weitere Ausbreitung erfolgte in beiden Fällen in südlicher Richtung. Das Küstengebiet wurde in voller Länge erfaßt mit einer Abzweigung an der San-Franzisco-Bucht und mitten durch das Central Valley. Der Vektor traf mit dem Virus im Vorgebirge der Sierra Nevada zusammen. Von dort aus breitete sich der Vektor in nordwestlicher und südöstlicher Richtung, zusammen mit dem Virus, aus. Im nördlichen Teil des Central Valley traf es dann mit dem Vektor zusammen, der von Oregon aus im Innern nach Süden vorgedrungen war. Demzufolge hat sich das Virus durch Insektenpopulationen vom Central Valley aus bis an die Grenze von Oregon, nach Westen bis zur Küste und im Küstenstreifen nach Norden und Süden ausgebreitet (NICHOLS, BLANC, MILLECAN and BARBE 1965, 1966). Vielfältige Anhaltspunkte weisen darauf hin, daß eine in Italien bekannte Birnenkrankheit (moria del pero) mit pear decline identisch ist (SHALLA und CHIARAPPA 1961). Das Hauptverbreitungsgebiet umfaßt Trentino-Alto Adige, wo die Krankheit seit 1934, möglicherweise schon seit dem Jahre 1908 bekannt ist (MADER 1908, CATONI 1934). Das Vorkommen für Mantova, Ferrara und Ravenna ist ebenfalls verbürgt. Nennenswerte Schäden traten 1945 bis 1947 auf — mehr als 50000 Bäume wurden vernichtet (REFATTI 1964a). In späteren Jahren war die Krankheit chronisch, wobei ihr epidemiologisches Verhalten abgeschwächt war (REFATTI 1964b). Seit dem Jahre 1949 ist pear moria auf das untere Tal des Po beschränkt, wo er-

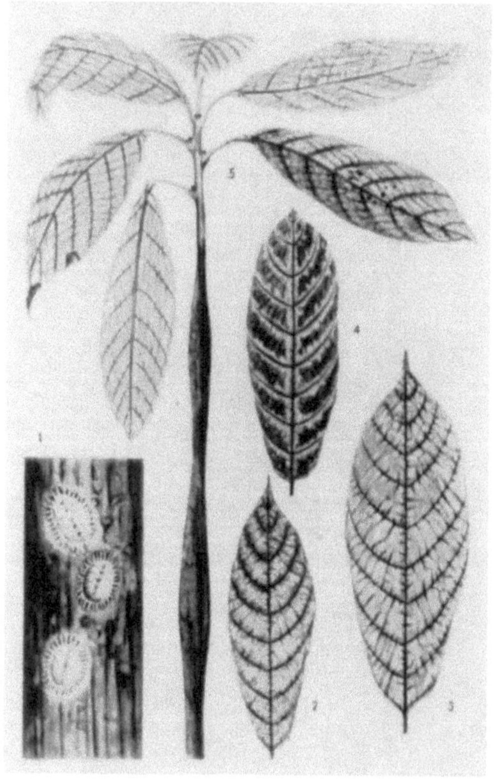

Abb. 7. Die Sproßschwellungskrankheit des Kakaos
1. *Pseudococcus njalensis* Laing der Virusvektor; 2.—4. virusinfizierte Blätter; 5. Sproßschwellung
(nach FRÖHLICH und RODEWALD)

neut epidemisches Auftreten festzustellen war. Die Krankheit scheint hier im weiteren Ansteigen begriffen zu sein. In einzelnen Obstanlagen wurden 30—49% infizierter Bäume festgestellt. Vergleichbare Erscheinungen, deren Identität mit pear decline vermutet wird, sind aus Israel (GUR 1957), Argentinien (SARASOLA 1960), Griechenland (PLAKIDAS 1962) und der Deutschen Demokratischen Republik bekannt (KEGLER und KLINKOWSKI 1967).

Der afrikanische Kontinent bietet ebenfalls ein Beispiel einer Krankheit, die durch ihre Ausmaße und ihre Auswirkung internationale Bedeutung erlangte. Die Sproßschwellungskrankheit des Kakaos (cacao swollen shoot) wurde nach POSNETTE (1947) im Jahre 1936 in der östlichsten Provinz von Ghana, dem intensivsten Kakaoanbaugebiet der Welt, festgestellt. Neben Blattsymptomen verschiedenster Art treten Anschwellungen an Zweigen, Haupt- und Seitenwurzeln auf, die dieser Krankheit ihren Namen gegeben haben (Abb. 7). Mit ihnen ist ein gleichzeitig einsetzendes Absterben des apikalen Vegetationspunktes verbunden. Mit dem Auftreten dieser Virose war ein erheblicher Ertragsrückgang verbunden. Dieser wirkte sich weltweit auf die Preise aller Kakaoerzeugnisse aus. Einer Ernte von 116000 t im Jahre 1936/37 stand eine solche von 64000 t im Jahre 1945/46 gegenüber. Dieser Verlust entspricht einem Wert von 2 Millionen englischen Pfund, wovon mehr als die Hälfte dieser Virose zur Last zu legen ist. In Ghana wurden bis Juni 1955 über 40 Millionen Bäume ausgehauen. Die Geschichte des sterbenden Kakaos ist sicher die Geschichte des swollen shoot.

Ein Beispiel besonderer Eindringlichkeit liefert in Europa eine Steinobstvirose, die im 2. Jahrzehnt dieses Jahrhunderts in Südosteuropa erstmalig die Aufmerksamkeit auf sich zog. Von besonderer Eindringlichkeit ist in Bulgarien und Jugoslawien der Tribut, den die Pflaume der Scharkakrankheit (plum pox) zollen muß. Die Krankheit wurde erstmalig 1915/16 in Maze-

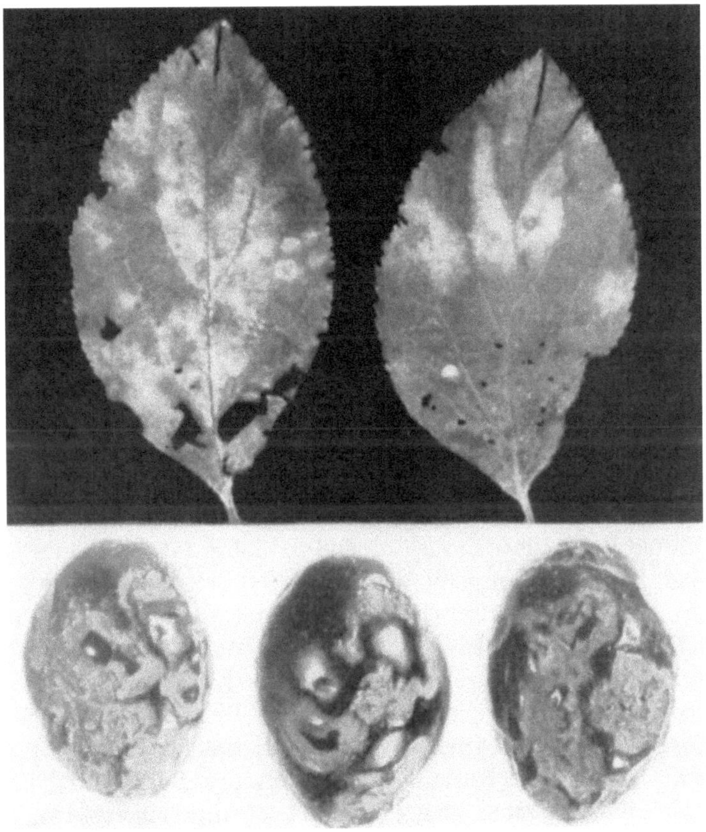

Abb. 8. Scharkakrankheit an Blättern und Früchten der Hauszwetsche (nach KEGLER)

donien an Zwetschenbäumen beobachtet und 1932 eingehend beschrieben (CHRISTOFF 1958/1959). Von dieser Krankheit werden in erster Linie die Früchte in Mitleidenschaft gezogen (Abb. 8). Sie fallen vor der Reife in großen Mengen ab und werden notreif und sind damit wertlos. Im westdeutschen Befallsgebiet um Worms ergaben Erhebungen über den Fruchtfall der Zwetsche, daß 55% der Früchte, die Mitte Juli als Behang vorhanden waren, vor der Reife abfielen (SCHUCH 1959). Die Früchte sind von tiefen und breiten Rissen durchzogen, das bräunlich-rote Fruchtfleisch ist gummiartig und für den Frischverzehr ungenießbar. Erkrankte Früchte sind auch für die Trocknung, Marmeladeherstellung und Brennereiverarbeitung nicht zu verwerten. Das Lebensalter und die Entwicklung der Bäume, ebenso wie Blüte und Fruchtansatz, werden nicht beeinträchtigt.

Die wirtschaftliche Bedeutung dieser Virose in Südosteuropa ist außerordentlich groß. In Jugoslawien waren 1952 etwa 16 Millionen Pflaumenbäume von der Scharkakrankheit befallen (TODOROVIĆ 1952, KLINKOWSKI 1957), in Bulgarien belief sich die Zahl erkrankter Bäume im Jahre 1963 auf Hunderttausende (DIKOV 1963). In Jugoslawien, wo die Krankheit erstmalig 1936 festgestellt wurde (JOSIFOVIĆ 1937), ist das Hauptbefallsgebiet im Osten an der bulgarischen Grenze gelegen und südlich nahe der griechischen Grenze. Auch Mazedonien und Kroatien sind betroffen. In vielen Gegenden ist die Pflaumenkultur zum Erliegen gekommen. Der Anbau der Pflaume macht 80% des gesamten Obstbaues in Jugoslawien aus. Dementsprechend sind die durch die Scharkakrankheit bedingten Ertragsminderungen ein ernsthaftes wirtschaftliches Problem. POBEGAJLO (1960) hat die Phasen der Ausbreitung in Jugoslawien eingehend beschrieben und kartenmäßig dargestellt. In den Ausgangszentren — in Bulgarien und Jugoslawien — haben umfangreiche Vernichtungsaktionen stattgefunden und finden auch heute noch statt mit dem Ziel, die anfälligen Sorten auszuschalten und sie durch virustolerante zu ersetzen. Auch in Westdeutschland und in der Deutschen Demokratischen Republik sind gesetzliche Bestimmungen erlassen worden, die die Vernichtung scharkakranker Bäume vorsehen.

Über die Etappen der Ausbreitung der Scharkakrankheit in Europa bis zum Jahre 1954 ist von KLINKOWSKI (1964) berichtet worden. Im Verlauf der letzten 5 Jahre ist die Ausbreitung weiter vorangeschritten. Es liegen inzwischen Angaben über das Vorkommen in Italien (TREGGI 1964), der Sowjetunion (TIITS 1964, VERDEREVSKAJA und VESMIN'SH 1966), aus der Schweiz (SCHMID 1968) und der Türkei (SEHINAZ SAHTIYANCI 1969) vor. Das ursprünglich vermutete Vorkommen in England hat sich jedoch bisher nicht bestätigen lassen (CROPLEY 1968). Die Expansion des Scharkavirus dürfte jedoch damit in Europa noch nicht zum Abschluß gekommen sein, da die Blattlausübertragbarkeit die Ausbreitung dieser Virose besonders begünstigt.

Das Mosaik des Melonenbaumes (*Carica papaya* L.) ist in Indien, Hawaii, Puerto Rico und Ceylon anzutreffen. Die Virusinfektion beeinträchtigt die Latexausbeute und ist zu einer ernsten Bedrohung der Papaingewinnung in Ceylon geworden. Hier hat sich die Krankheit seit 1952 mit bemerkenswerter Schnelligkeit ausgebreitet und in der Trockenzone den Anbau des Melonenbaumes praktisch zum Erliegen gebracht (ABEYGUNAWARDENA 1969).

Vermutlich durch die Reisstauche ausgelöst, sind im Jahre 1773 auf einer japanischen Insel 12000 Menschen dem Hungertod erlegen (WOOD 1953).

Vor rund 5 Jahrzehnten (1920—1927) ist in bestimmten Gebieten in Australien der Anbau der Banane zum Erliegen gekommen, ausgelöst durch das aphidenübertragbare Virus der Büschelgipfelkrankheit (bunchy top). Der Preis für das Land, das zum Bananenanbau geeignet war, sank von 1500 $/acre auf ein Zehntel seines Wertes. Über beträchtliche Schäden wird auch von den Fidschi-Inseln berichtet — von dort hat die Krankheit vermutlich ihren Ausgang genommen —, ebenso aus Queensland, Neusüdwales, Bonin und Ellice Inseln, Ceylon und Ägypten. In Neusüdwales schuf man sog. Pufferzonen, aber trotzdem sank die Anbau-

Abb. 9. Nekrotische Rübenvergilbung (nach WIESNER)

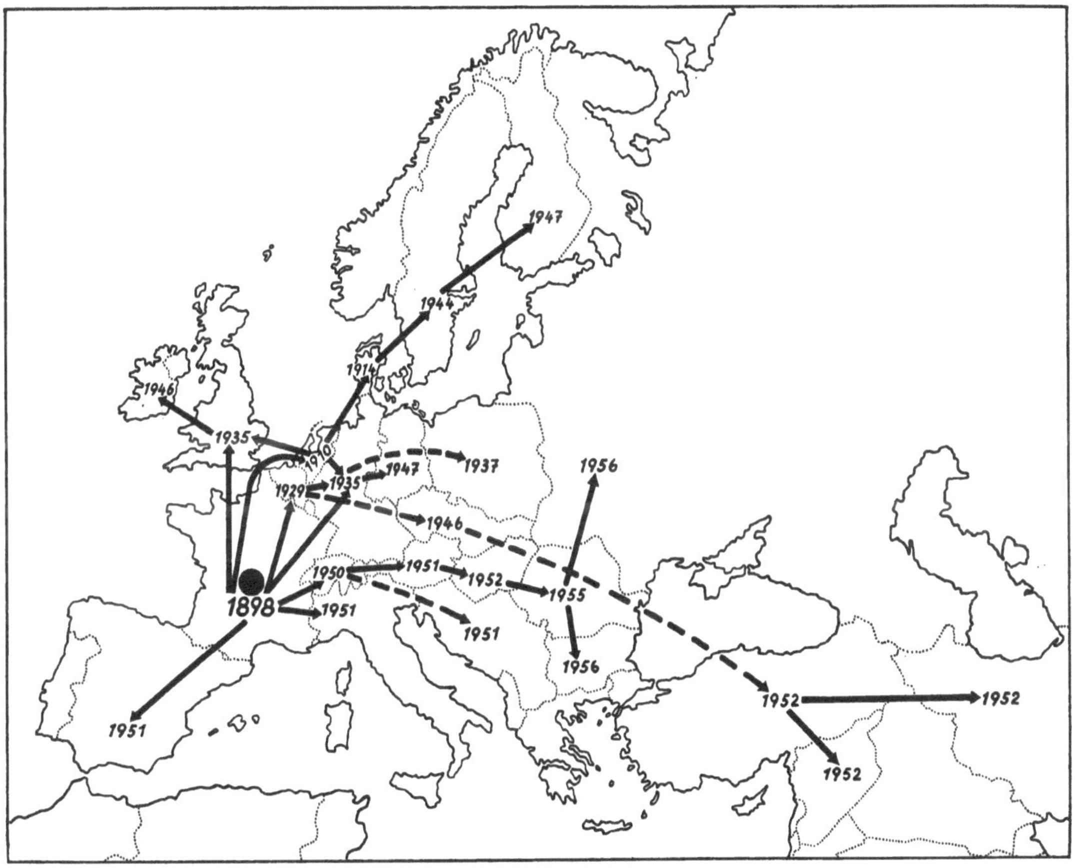

Abb. 10. Expansion der nekrotischen Rübenvergilbung auf dem europäischen Kontinent

fläche von 5500 acres im Jahre 1922 auf 1500 acres im Jahre 1925, der entsprechende Produktionsausfall betrug rund 85%. In Ceylon wurden 560086 Pflanzen vernichtet.

Der europäische Zuckerrübenanbau steht seit nunmehr 4 Jahrzehnten vor der Notwendigkeit, dem Problem der Rübenvirosen erhöhte Beachtung zu schenken. Neben dem Rübenmosaik, das als wirtschaftlich nicht sonderlich bedeutsam angesehen wird, ist eine neue Situation durch Ausbreitung einer früher unbekannten Virose entstanden, die in Ostexpansion den europäischen Kontinent erfaßte und heute bis in die Innere Mongolei vorgedrungen ist. Schlösser (1953) vertritt die Ansicht, daß von toleranten Wildrüben in England aus der Einbruch in die nichttoleranten Zucker- und Futterrüben mitteleuropäischen Ursprungs erfolgt ist. Nach anderen Feststellungen ist erstmalig ein Vorkommen der nekrotischen Rübenvergilbung (beet yellows) (Abb. 9) für Frankreich durch Prillieux und Delacroix (zitiert bei Quanjer und Roland — 1936) im Jahre 1898 verbürgt. Diese Feststellung braucht nicht mit der Auffassung von Schlösser in Widerspruch zu stehen. Auch in den französischen Küstengebieten sind Wildvorkommen der *Beta*-Rüben anzutreffen. Es bleibt lediglich die Frage offen, ob in den Wildvorkommen englischer oder französischer, zweifellos aber atlantischer Herkunft der vermutliche Ausgangspunkt zu suchen ist. Über die einzelnen Etappen der Expansion der nekrotischen Rübenvergilbung hat Klinkowski (1964) berichtet (Abb. 10). Bei diesem Virus ergibt sich eine eindeutige West-Ost-Expansion (Klinkowski und Sedlag 1953), die vermutlich noch nicht als abgeschlossen zu betrachten ist. Die Virose hat eine Reduktion des Zuckerertrages zur Folge. Systemische Insektizide zur Vektorenbekämpfung verhindern zwar Neuinfektionen nicht völlig, mindern aber die Ertragsdepression wesentlich. Die Lösung dieses Problems dürfte in der Züchtung vergilbungsresistenter oder -toleranter Rübensorten liegen.

Oft ist es nicht die Ausbreitung eines bisher bekannten Virus, das unsere Aufmerksamkeit beansprucht, sondern das Auftreten eines bisher nicht nachgewiesenen Stammes des betreffenden Virus. Ein instruktives Beispiel der letzten 2 Jahrzehnte, das große wirtschaftliche Auswirkungen zur Folge hatte, sind das Auftreten bzw. die Ausbreitung der sog. Tabakrippenbräunestämme des Y-Virus der Kartoffel (tobacco veinal necrosis). Diese Virusstämme haben in sehr kurzer Zeit das Schicksal einiger bis dahin renommierter und auf großen Flächen angebauter Kartoffelsorten besiegelt (Abb. 11 und 12). So haben z. B. die Sorten ‚Bona' und ‚Ackersegen'

Abb. 11. Infektion der Kartoffelsorte ‚Bona' mit dem Tabakrippenbräunevirus; links virusinfiziert, rechts gesund (nach BODE)

Abb. 12. Infektion der Kartoffelsorte ‚Ackersegen' mit dem Tabakrippenbräunevirus; links virusinfiziert, rechts gesund (nach BODE)

nach nahezu totaler Verseuchung durch diese Virusstämme sehr bald ihre frühere Bedeutung eingebüßt und sind so gut wie ganz aus dem Anbau verschwunden. K. M. SMITH und DENNIS (1940) haben zuerst über einen im Jahre 1935 in England nachgewiesenen Tabakrippenbräunestamm des Y-Virus — als veinal necrosis virus bezeichnet — berichtet, ohne jedoch zunächst seine wirtschaftliche Bedeutung zu erkennen. Es soll hier nicht weiter erläutert werden, auf welchem Wege es zur Entstehung dieses Stammes oder zu seiner Einschleppung, vermutlich aus Südamerika, gekommen ist. 15 Jahre nach der Feststellung in England berichtete KOVATCHEVSKY (1950) über das Vorkommen in Bulgarien. Auf welchem Wege das Virus bzw. der Virusstamm nach Südosteuropa gelangt sind, läßt sich heute nicht mehr feststellen. Wenige Jahre danach berichteten KLINKOWSKI und SCHMELZER (1957) über das Virus der Tabakrippenbräune. Über den Verlauf der Ausbreitung auf den europäischen Kontinent haben ROSS (1959) und KLINKOWSKI (1964) eingehende Angaben gemacht. Die Ausbreitung der Tabakrippenbräunestämme hat sehr instruktiv gezeigt, wie in einer Zeitspanne von rund $1^1/_2$ Jahrzehnten ein Kontinent durchseucht und damit die Anbauwürdigkeit langjährig bewährter Kartoffelsorten in Frage gestellt werden kann. Die wirtschaftlichen Verluste waren anfänglich sehr beachtlich. Inzwischen haben wir gelernt, auch mit diesem Virus zu leben. Durch Bevorzugung des Anbaues toleranter Kartoffelsorten und durch entsprechende Orientierung der Kartoffelzüchtung ist wieder ein gewisses Gleichgewicht hergestellt worden.

Damit wollen wir die ausgewählten Beispiele aus dem Gebiet der Virosen abschließen und uns pilzparasitären Krankheiten zuwenden. An den Anfang sei eine Kartoffelkrankheit gestellt, die Auswirkungen eines auch heute noch geradezu unvorstellbaren Ausmaßes zur Folge hatte. Aus den Anfängen der allmählichen Ausbreitung der Kartoffel in Europa ist über ihre Krankheiten nicht viel bekannt geworden. Nachdem ihr Anbau sich vielerorts eingebürgert hatte, waren immer wieder Jahre und Jahresgruppen zu verzeichnen, in denen nennenswerte Schädigungen an den Kartoffeln vorkamen, worüber APPEL (1907) ausführlich berichtet hat. Es steht

Abb. 13. *Phytophthora infestans* (Mont.) de Bary. Krankheitssymptome auf der Oberseite (A) und auf der Unterseite des Blattes (B) (nach GRAM, BOVIEN und STAPEL)

Abb. 14. *Phytophthora infestans* (Mont.) de Bary. Knollensymptome (nach APPEL)

außer Zweifel, daß dadurch große Summen an Nationalvermögen eingebüßt wurden. Aus dieser Situation heraus ist es erklärlich, daß bei keiner anderen Kulturpflanze, wie gerade bei der Kartoffel, so viele Männer der Wissenschaft und der Praxis sich mit ihrer Pathologie befaßt haben.

Unter den in Frage kommenden Krankheitserregern der Kartoffel hat keiner vorher und bis auf den heutigen Tag in gleichem Maße die Aufmerksamkeit der Öffentlichkeit beansprucht, wie das epidemische Auftreten der Kraut- und Knollenfäule (*Phytophthora infestans* (Mont.) de Bary) (Abb. 13 und 14). Die Jahre 1845 und 1846 sind Marksteine dieser Entwicklung in Europa. Über die Ausgangssituation gibt es unterschiedliche Meinungen. Es entspricht heute allgemeiner Auffassung, daß der Krankheitserreger aus der Neuen Welt eingeschleppt worden ist. Dort war der Erreger in den USA bereits im Jahre 1843 weit verbreitet. STEVENS (1933) hat den Krankheitsverlauf in den USA für die Jahre 1843—1845 beschrieben (Abb. 15). 1843 war das Auftreten auf die fünf Staaten beschränkt, die den großen Häfen an der Ostküste der USA benachbart lagen. Im Jahre 1845 war ein Gebiet betroffen, das nahezu mit den Grenzen identisch ist, innerhalb derer die Kraut- und Knollenfäule auch heute noch eine potentielle Gefahr darstellt. Die Möglichkeit bleibt jedoch nicht auszuschließen, daß *Phytophthora infestans* nach Europa und den USA von einer gemeinsamen dritten Stelle seinen Ausgang genommen hat. So vertritt REDDICK (1943) die Auffassung, daß in Mexiko das Ursprungszentrum des Pathogens zu suchen ist. In diesem Zusammenhang ist auch zu erwähnen, daß nach den Untersuchungen von NIEDERHAUSER (1956) der *Phytophthora*-Pilz in Mexiko hoch spezialisierte Rassenpopulationen umfaßt und im Gegensatz zu anderen Gebieten in reichem Maße Oosporen zu bilden vermag. Eine andere Auffassung, die in ihren Anfängen in das vorige Jahrhundert zurückreicht, geht dahin, daß in den nördlichen Anden Südamerikas der Ausgangspunkt zu suchen ist. Ein direkter Beweis hierfür läßt sich nicht erbringen. Andererseits ist zu vermerken, daß in diesem Gebiet Gene für Hypersensibilität gegen *Phytophthora* bei Wildkartoffeln durch HAWKES (1958) nachgewiesen werden konnten. Die Möglichkeit bleibt nicht auszuschließen, daß in der Zeit des Guano Boom, etwa seit 1840, durch den stark belebten Handel mit Europa und Nordamerika eine Verschleppung des Krankheitserregers erfolgt ist. Wir können nicht mit Sicherheit angeben, in welchem Jahr die Einschleppung nach Europa erfolgte. Es wird an-

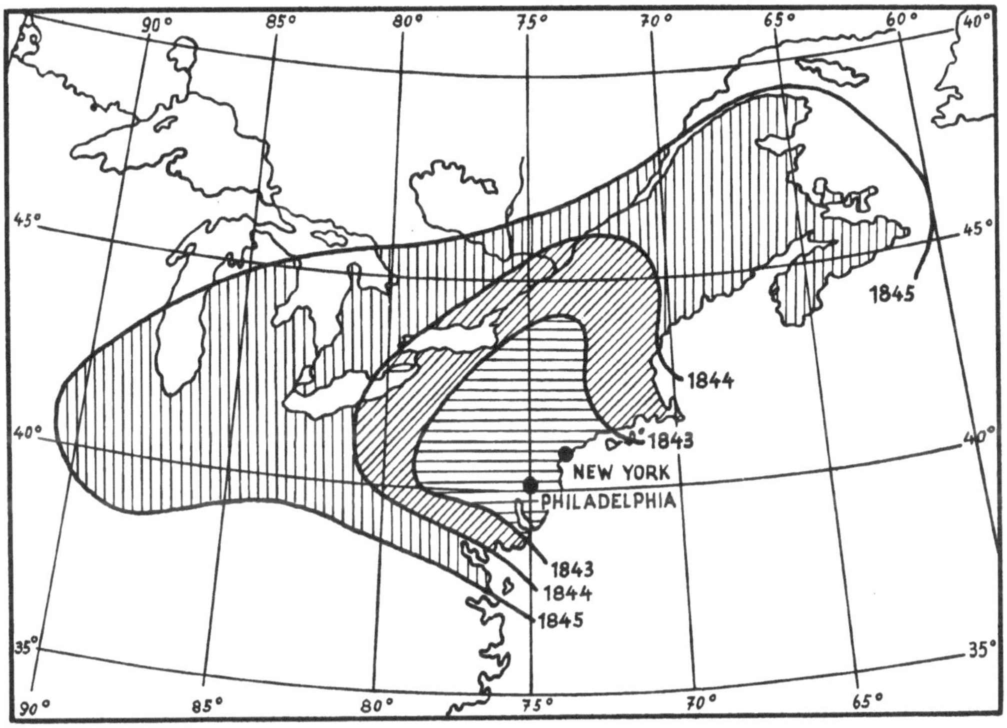

Abb. 15. Befallsgebiete der Kartoffelkrautfäule in den USA und Kanada in den Jahren 1843—1845 (nach STEVENS)

genommen, daß hierfür nur die Jahre 1842 bis 1845 zu erwägen sind. So gibt es für die Jahre 1842 und 1843 Angaben, die als lokales Vorkommen der Krautfäule gedeutet werden können. Die Angaben sind jedoch keineswegs beweiskräftig. Größer ist die Wahrscheinlichkeit, daß die Krautfäule in Teilen Europas (Belgien, Frankreich — Umgebung von Lille, England — Kent und Sussex, Schottland — Dumfiesshire) bereits 1844 nachzuweisen war, wobei der vorwiegend trockene Sommer Infektionen größeren Ausmaßes nicht begünstigte. Nach HOLLRUNG (1932) deuten verschiedene Veröffentlichungen darauf hin, daß die Krautfäule schon wesentlich früher in Mitteleuropa aufgetreten ist, ohne jedoch ein epidemisches Ausmaß anzunehmen. In diesem Sinne werden Angaben von GLEDITSCH (1756) sowie PUTSCHE und BERTUCH (1819) interpretiert.

Im Jahre 1845 wurde die Krankheit nach BOURKE (1964) erstmalig Ende Juni in Belgien im Gebiet von Courtrai festgestellt. In der Mehrzahl der Fälle war man davon überzeugt, insbesondere bei den Landwirten selbst, daß es sich um eine bisher nicht bekannte Krankheit handle. Diese Auffassung war jedoch nicht unbestritten. Mitte Juli war ganz Flandern in Mitleidenschaft gezogen, gleiches galt für die angrenzenden Gebiete Hollands und Frankreichs. Über die zur damaligen Zeit seltsame und alarmierende Krankheit berichteten belgische Tageszeitungen bereits in der zweiten Julihälfte. Die Ausbreitung von Belgien nach Luxemburg machte an der natürlichen Barriere der Ardennen zunächst Halt, bis das Gebirge im Norden und Süden umgangen war. In die Schweiz drang die Krankheit durch die Täler der Rhône und des Rheins vor. Mitte August war auch die Umgebung von Paris erreicht. Am 20. August demonstrierte ÉLISÉE LEFÈBVRE erkrankte Blätter und Knollen in einer Sitzung der Société Royale et Centrale d'Agriculture. Welche Bedeutung man dem Sachverhalt zumaß, geht daraus hervor, daß die Mitglieder der Akademie aus ihren Sommerferien zurückberufen wurden. Das Sächsische Ministerium des Innern veranlaßte zu dieser Zeit Untersuchungen zur Krautfäule, worüber PETZHOLDT (1846) berichtet hat. LIBERT (1845) benannte den von ihr auf erkrankten

Kartoffelblättern nachgewiesenen Pilz *Botrytis vastatrix*. MONTAGNE (1845) gab wenige Tage später eine Diagnose des Pilzes, den er *Botrytis infestans* benannte.

Mitte August war die Kraut- und Knollenfäule am Unterrhein, in Nordwestfrankreich, auf den Kanalinseln und in Südengland anzutreffen. Über das Auftreten auf der Isle of Wight wurde am 16. August in Gardener's Chronicle berichtet. In Irland wurde die Krankheit erstmalig am 6. September in Waterford Freeman und in der Dublin Evening Post erwähnt. Anfänglich maß man hier der Krankheit noch keine sonderliche Bedeutung zu und wurde erst zur Erntezeit im Oktober durch die zahlreichen Knollenfäulen eines Besseren belehrt (Tab. 2), was panikartige Stimmung auslöste.

Tabelle 2

Angaben aus Wahlkreisen über Verlust der Kartoffelernte im Jahre 1845

(nach P. M. A. BOURKE)

Verlust in %	Ulster	Munster	Leinster	Connaught	Irland
0	7	2	—	—	9
5	92	2	10	6	110
15	64	39	30	20	153
25	101	66	67	35	269
35	180	187	145	70	582
45	181	189	133	93	596
55	12	1	3	—	16
65	46	41	27	11	125
75	32	30	26	5	93
85	4	—	—	—	4

Wie weit die Krankheit 1845 nach Skandinavien und nach Mitteleuropa vorgedrungen war, kann nicht mit Bestimmtheit gesagt werden. Wenig Zweifel besteht darüber, daß in Schottland die Krankheit auf das Gebiet südlich der Grampians beschränkt war und das Hochland befallsfrei blieb. Befallsfrei blieben auch die Shetland-, Orkney- und Scilly-Inseln und vermutlich auch die Achill-Insel an der irischen Westküste. Im Süden des Kontinents wurde das Mittelmeergebiet nicht in breiter Front erreicht (Abb. 16). Je frühzeitiger die Infektion erfolgte, um so größer waren auch die Ertragsverluste im Jahre 1845. In Belgien, Holland und Nordostfrankreich wurde das Kraut zu einer Zeit abgetötet, in der die Knollen die Größe von Murmeln hatten. In Gebieten des Spätbefalls waren die Knollen von normaler Größe. Das Ausmaß der Knollenfäule hing hier vornehmlich vom Witterungsverlauf vor und zur Erntezeit ab. In niederschlagsreichen Gebieten waren die Verluste besonders groß. Überall war es der arme Teil der Bevölkerung, der hiervon besonders in Mitleidenschaft gezogen war. In der Novelle von JEREMIAS GOTTHELF „Käthi, die Großmutter", die 1847 veröffentlicht wurde, hat dies seinen dichterischen Ausdruck gefunden. In Irland waren die Auswirkungen der Krankheit unterschiedlich (Abb. 17). Im Durchschnitt bezifferten sich die Verluste durch Knollenfäule auf 40%. In Bayern und Preußen mit ihrer trockenen Herbstwitterung waren die Ertragsausfälle gering. Die Preußische Regierung erließ am 18. September 1845 ein Exportverbot für Kartoffeln, um dem ungezügelten Aufkauf durch holländische und belgische Importeure einen Riegel vorzuschieben. Im Jahre 1845 wurde der Krankheit auf dem europäischen Kontinent außerhalb Belgiens keine sonderliche Bedeutung zugemessen. Es bestand die Tendenz, die Termine erstmaligen Auftretens im Sinne einer linearen Progression zu interpretieren. Die Ausbreitung von Belgien über England nach Irland wurde rückwärts extrapoliert, wobei Deutschland und sogar Polen eingeschlossen wurden. So entstand zunächst die Auffassung, daß die Expansion vom Osten ihren Ausgang genommen habe. In Analogie zur Cholerapandemie (1826—1837) sprach man daher sogar von einer Kartoffel-Cholera. Tatsächlich ist die Ausbreitung im Jahre 1845 gänzlich untypisch für

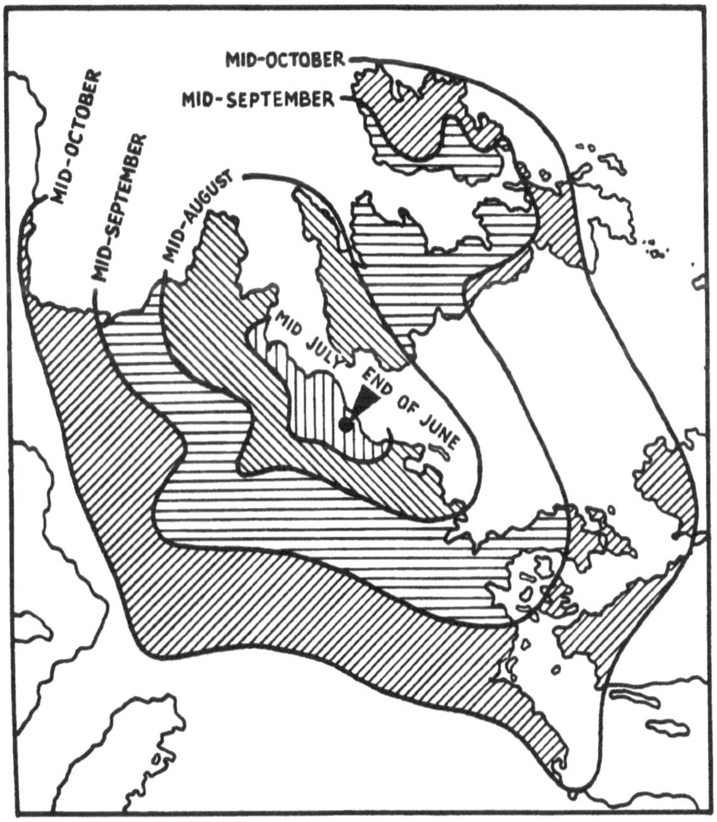

Abb. 16. Die Befallssituation der Kartoffelkrautfäule in Europa im Jahre 1845 (nach Bourke)

den uns heute bekannten jährlichen Verlauf der Krankheit in Europa. Hierfür können auch anormale Witterungsfaktoren nicht zur Erklärung herangezogen werden. In Nordwesteuropa war der Sommer kühl, sonnenarm und feuchter als gewöhnlich, zweifellos ein ungünstiger Witterungsverlauf, aber keineswegs ein ungewöhnlicher. In den voraufgegangenen 3—6 Jahren bestanden wesentlich günstigere Bedingungen für die Krautfäuleentwicklung. Dieser Sachverhalt berechtigt dazu, anzunehmen, daß der Erreger selbst erst 1845 eingeschleppt wurde und daß die Hauptkonzentration des Inokulums in dem Gebiet anzutreffen war, in dem die Krankheit Mitte August manifest wurde. Diese Annahme wird bestärkt durch den Verlauf der Epidemie im Jahre 1846, wo sich die Progression der Krankheit nach der uns heute bekannten Charakteristik vollzog, wie Payen (1846) und Milne (1847) berichtet haben. 1846 trat die Krankheit zuerst in Irland auf (Abb. 18), zwei Monate früher als im Vorjahr. Von dort breitete sie sich über 50 Meilen pro Woche nach Osten und Nordosten aus. In Irland war der größte Teil der Kartoffelanbauflächen bereits Anfang August abgestorben, zu einem Zeitpunkt, als die Knollenbildung gerade eingesetzt hatte. Dies ist der Ausgangspunkt der großen Hungersnot, die Woodham-Smith (1962) beschrieben hat. Im Schottischen Hochland, das 1845 unberührt geblieben war, stand der Befall nach Alison (1847) dem in Irland nur wenig nach. In Südostengland und dem angrenzenden europäischen Kontinent mit seinem warmen und trockenen Sommer waren die Schäden durch die Trockenheit stärker als die durch die Krautfäule bedingten. Auch die

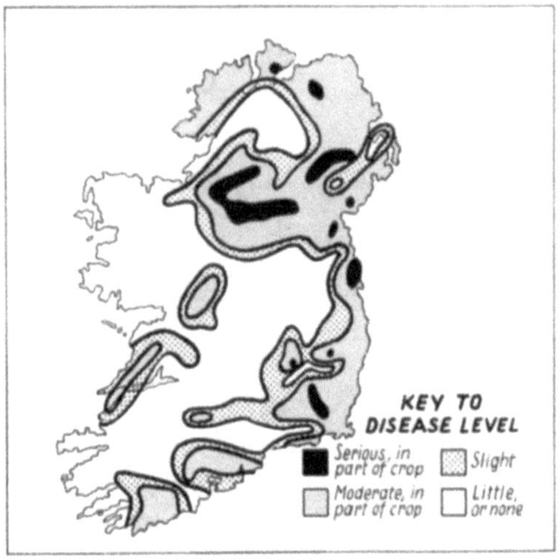

Abb. 17. Die Kartoffelkrautfäule in Irland Ende September 1845 auf Grund der Angaben von mehr als 200 Distriktberichten (nach BOURKE)

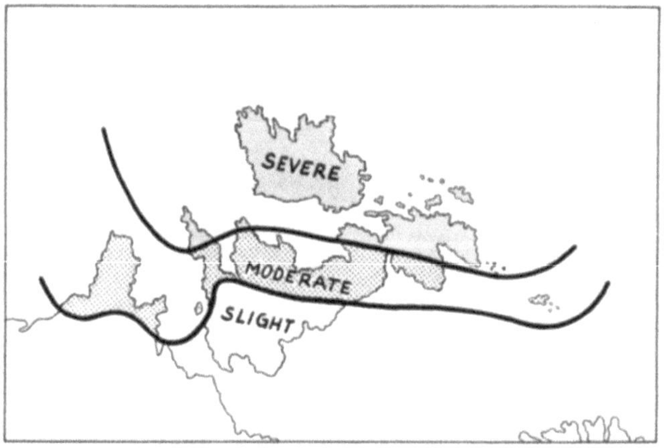

Abb. 18. Zonen unterschiedlicher Krautfäuleverluste im Jahre 1846 (nach BOURKE)

Orkney- und Shetland-Inseln waren 1846 in das Befallsgebiet einbezogen und selbst in Algier trat die Krankheit auf.

Die Auswirkungen der *Phytophthora*-Epidemie — insbesondere in Irland — waren nahezu unübersehbar. 1845 war die englische Regierung bemüht, den möglichen Auswirkungen durch nordamerikanische Maisimporte zu begegnen. Die parlamentarische Opposition, die 1846 in England zur Macht gekommen war, bewertete die frühzeitigen Appelle aus Irland als blinden Lärm und handelte mit verhängnisvoller Nachlässigkeit und Unzulänglichkeit. Das Ergebnis war von tragischer Größe und historischer Bedeutung. Als 1847 in Irland erneut die ersten Krankheitssymptome sichtbar wurden, schrieb JOHN MOLLOY aus Castle Fogarty, Thurles u. a.: "If the potato goes this year, Ireland will *never never recover*" (MCKAY — 1953—54).

BOURKE (1965) hat sehr ausführlich über die Kartoffel, die Krautfäule, das Wetter und die irische Hungersnot berichtet. In der Zeit von 1700 bis 1750 stellte die Kartoffel gleichsam das Bollwerk gegen den Hunger dar, insbesondere in feuchten, sonnenarmen Jahren, in denen die Getreideerträge gering waren. In derartigen Jahren war die Kartoffel die Grundnahrung der ärmsten Bevölkerung im Winterhalbjahr. In den darauf folgenden 50 Jahren wurde die Kartoffel zur Lebensgrundlage überhaupt. Mit steigender Bevölkerung war sie oft das einzige Nahrungsmittel für viele Monate des Jahres. Auch über die ärmeren Klassen hinaus gewann sie zunehmend an Bedeutung, normalerweise ergänzt durch Milch und Hafermehl. In den Jahren nach 1800 wird ein deutlicher Abfall sichtbar, der eine Hungersnot in greifbare Nähe rückt. Weiteres Ansteigen der Bevölkerung, Anbau minderer Kartoffelsorten, oft nur als Viehfutter geeignet, erzwungene Verminderung der Anbaufläche und Mangel an Dünger waren kennzeichnend für diese Zeit. So fand der Einbruch der Kraut- und Knollenfäule eine Situation vor, die zwangsläufig zur Katastrophe führen mußte. Im Jahre 1845 betrug die Bevölkerung in Irland 8,3 Millionen. Für 6 Millionen war die Kartoffel zur Hälfte oder mehr das wichtigste Nahrungsmittel, für 3 Millionen von ihnen bildete die Kartoffel die alleinige Nahrung.

Ein junger Quaker William Edward Forster besuchte Mitte September 1846 Irland, um sich über die Verhältnisse an Ort und Stelle zu unterrichten. Im Januar 1847 kam er erneut nach Irland und war bestürzt über die Verschlechterung, welche sich in wenig mehr als 3 Monaten vollzogen hatte. Er schrieb: „Als ich unlängst durch den ganzen Distrikt von Connemara wanderte, hatte ich Gelegenheit, den derzeitigen Zustand mit den damaligen Verhältnissen zu vergleichen und die Auswirkungen festzustellen, die die Hungersnot hervorgerufen hat. In dem Dorf Bundorragha war der Wandel besonders beeindruckend. Schon bei meinem ersten Besuch ist mir dies als eine besonders arme Gegend erschienen. Dunkle Gewitterwolken lagen über dem Ort. In den kleinen Hütten, in denen sich nur wenige Kartoffeln befanden, war man in großer Furcht. Überall sah man das schnelle und sichere Herannahen der Hungersnot. Der Tod starrte ihnen aus dem Gesicht. Eine arme Frau, deren Hütte ich besuchte, sagte: „Für uns gibt es nichts, als sich niederzulegen und zu sterben." Ich versuchte ihr Hoffnung zu machen auf englische Hilfe, aber leider ist ihre Prophezeiung zu wahr gewesen. Bei einer Gesamtbevölkerung von 240 Köpfen waren bereits 13 vor Hunger gestorben. Die Überlebenden waren wie wandelnde Skelette. Die Männer mit den fahlen Merkmalen des Hungers, die Kinder nach Brot schreiend, die Frauen in einigen Hütten zu schwach, um sich aufrecht zu halten. Früher hatte ich in den meisten Hütten Kühe und außerdem mehrere Schafe und Schweine gesehen. All dies gehörte der Vergangenheit an. Die Kühe und das gesamte Geflügel waren geschlachtet, nur 1 Schwein war übrig geblieben. Die Hunde, die mich früher angebellt hatten, waren verschwunden. Es gab keine Kartoffel und keinen Hafer mehr.

Bei der Ankunft in der Kleinstadt Clifdon hörten wir von 4 Todesfällen durch die Hungersnot im Verlauf der letzten 3 oder 4 Tage. Eine Frau, die in der vergangenen Nacht in ein Nebengebäude gekrochen war, wurde am nächsten Morgen teilweise von Hunden befressen gefunden. Ein anderer Leichnam ist auf die Straße in einer Schubkarre gebracht worden. Wenn nicht zufällig jemand vorbei gekommen wäre, der Geld für einen Sarg gegeben hätte, hätte man ihn lediglich mit einem Laken bedeckt den Abhang hinunter geworfen. Von Beerdigung ohne Särge hörten wir in vielen Fällen. Wer die fast übertriebene Bewertung der Iren für Begräbnisriten kennt, für den erzählt dies eine schreckliche Geschichte. In zwei Fällen, sagte mir mein Vater, war er nach Geld angesprochen worden, nicht um Menschen am Leben zu erhalten, sondern um sie beerdigen zu können."

Es gibt keine genauen Angaben darüber, wieviele Menschen in Irland der Hungersnot zum Opfer fielen bzw. zur Auswanderung gezwungen waren. Die Zahlen hierüber schwanken zwischen 1,75 und 2,5 Millionen (Salaman 1949). Feststehend ist, daß die Bevölkerung im Jahre 1841 8175124 betrug und im Jahre 1851 auf 6552385 gesunken war (Abb. 19). Die wahrscheinlichste Schätzung geht dahin, daß der Bevölkerungsverlust von 1 Million Menschen erhöhter Sterblichkeit durch Hunger und Krankheit und eine weitere Million der Emigration, hauptsächlich nach Nordamerika und nach Britannien, zuzuordnen ist. Tod und Emigration voneinander zu trennen ist nicht leicht. Von 4 Menschen, die gezwungen waren, das Land zu verlassen, starb einer unter den Nachwirkungen der Hungersnot im Verlauf von 12 Monaten. Dies ist eine Statistik des Grauens. Eine graue Anonymität geht von dem endlosen Gewimmel aus, welches die Emigrantenschiffe beherbergten, und von denen, die in Hunger und Pestilenz starben. Man kann sich die Leiden von Hunderten vorstellen, aber das Leiden einer Nation von 8 Millionen Menschen übersteigt jegliche Vorstellung. Eine Zeitungsnotiz vermag vielleicht am besten die Skala des Schreckens zu illustrieren: Die Cork Patent Sägemühlen in der King Street, das größte Unternehmen seiner Art im Lande, hatte mit 16 bis 20 Sägen in ununterbrochener Arbeit vom Morgen bis in die Nacht Bretter für die Särge zu schneiden, und dies mehr als 6 Monate.

BOURKE (1965) schreibt, daß es für einen Iren schwierig sei, selbst nach mehr als einem Jahrhundert „die Hungersnot mit einer nicht vom Gefühl beeinflußten Objektivität zu diskutieren, auch wenn man den Versuch hierzu mache". Er schreibt: „Wir können nicht wie der italienische Historiker CAETANO SALVEMINI unparteiisch sein, sondern nur intellektuell aufrichtig. Die Unparteilichkeit ist ein Traum, die Aufrichtigkeit eine Verpflichtung."

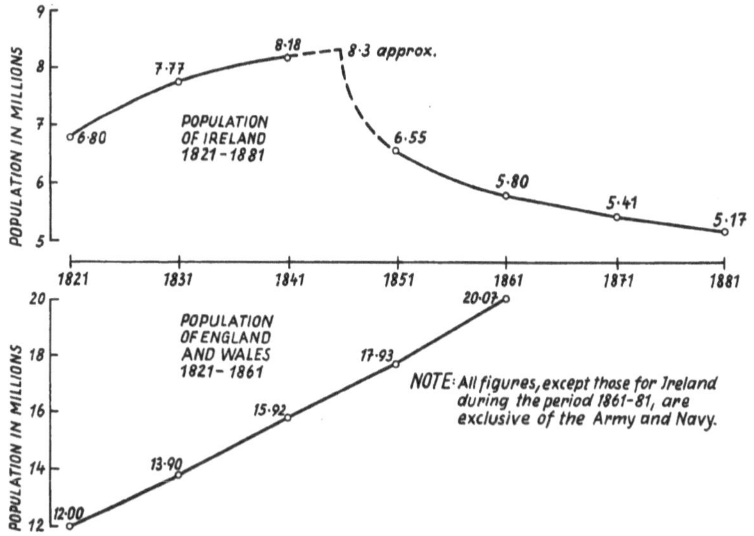

Abb. 19. Veränderungen der Bevölkerungspopulation in Irland und England/Wales seit dem Jahre 1821 (nach BOURKE)

Es ist nicht uninteressant zu wissen, daß der pilzparasitäre Charakter der Krankheit anfänglich keinesfalls unumstritten war. So schrieb KRÖHMER (1856): „Die Kartoffelkrankheit hat ihre Ursache darin, daß die Kartoffelfrucht durch ihr nicht zusagende Behandlungsweise von ihrer naturgemäßen Entwickelung verdrängt worden ist." Auch JUSTUS VON LIEBIG (1865) hat über 2 Jahrzehnte an der Auffassung festgehalten, daß die Krankheit auf Ernährungsstörungen zurückzuführen sei.

Welche Entwicklung seitdem im Zeitabschnitt 1847—1966 der Kartoffelbau in Irland genommen hat, ist aus Abb. 20 zu ersehen. Epidemisches Auftreten von *Phytophthora infestans* ist auch nach den Jahren der irischen Tragödie durchaus keine Seltenheit. Für den Zeitraum 1907—1956 in Irland liegt eine Darstellung von McKAY (1956—57) vor. Wie bedeutsam Epidemien noch sein können, das zeigte uns u. a. das Jahr 1915 in Mitteleuropa, das in Deutschland, wo die Ertragsausfälle mehr als ein Drittel der Kartoffelernte betrugen, dem Winter 1915/16 den Namen Kohlrübenwinter eintrug. In Großbritannien betrug die Kartoffelernte im Jahre 1915 $7^1/_2$ Millionen t, 1916 wurden nach MARSH (1968) nur 5 Millionen t geerntet.

Die Resistenzzüchtung, Prognose und Warndienst, die Möglichkeiten der Fungizidbehandlung u. a. bewahren uns heute davor, daß sich eine Tragödie gleichen Ausmaßes wie in Irland zu wiederholen vermag.

Um die Jahrhundertwende trat im Süden der Granville County (North Carolina) eine Tabakkrankheit auf, als Granvillewelke oder Bakterienwelke bezeichnet, die durch *Pseudomonas solanacearum* E. F. Smith ausgelöst wird. Die Krankheit zieht die ganze Pflanze in Mitleidenschaft. Welkeerscheinungen folgen Vergilbungen und Verbräunungen der Blätter sowie vorzeitiges Absterben. Das Xylem infizierter Pflanzen ist braun oder schwarz verfärbt. Auch die Wurzel ist in Mitleidenschaft gezogen.

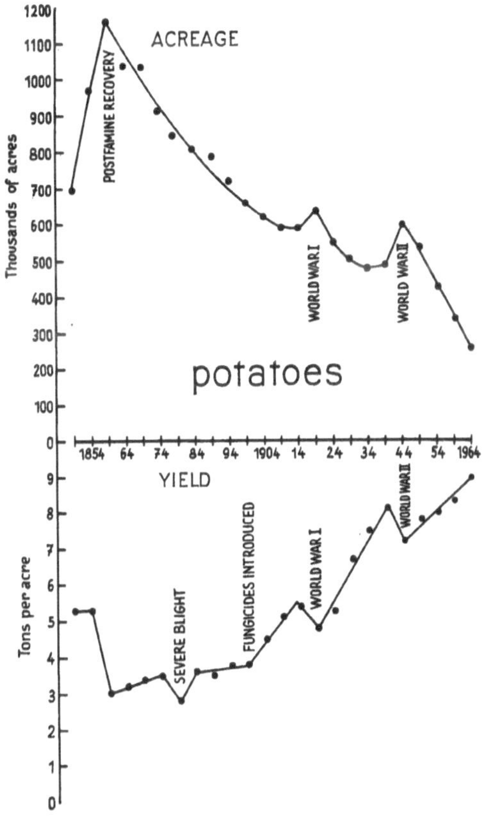

Abb. 20. Trends der Anbaufläche und des Kartoffelertrages in Irland für den Zeitraum 1847—1966
Die Punkte kennzeichnen jeweils eine fünfjährige Periode (nach Bourke)

In Granville County war eine Anbaufläche von 7000 acres befallen, die sich auf 1500 Betriebe verteilte, von denen sich einige seit Generationen im Besitz der gleichen Familie befanden. Im Verlauf der Jahre waren Ertragsverluste von 20—25% die Regel, was einem Wert von 1 bis 2 Millionen Dollar entsprach. Auf dem Höhepunkt der Epidemie betrugen die Ernteverluste 30—40 Millionen Dollar. Viele Farmer mußten ihre Betriebe aufgeben, die Moral der Bevölkerung sank, der Lebens- und Gesundheitsstandard sanken auf ein tiefes Niveau (Wood 1953).

Die Krankheit war schon 1683 in Japan bekannt, wo sie als „Neguchi" bezeichnet wurde. Es gilt als wahrscheinlich, daß die als „Moko" bezeichnete Bananenkrankheit in Britisch-Guayana, die dort bereits vor mehr als 120 Jahren auftrat, mit der Tabakwelke identisch ist. Gleiches dürfte für die „Slijmziekte" des Tabaks in Sumatra zutreffen, die dort seit 1864 bekannt ist. Damit dürfte die Bakterienwelke zu den ältesten bekannten Tabakkrankheiten zu rechnen sein. Außerhalb der Vereinigten Staaten ist die Bakteriose bekannt aus Argentinien, Australien, Britisch-Guayana, Indien, Italien, Japan, Java, Korea, Malaya, Mexiko, Neuseeland, Österreich, Philippinen, Sowjetunion, Sumatra, Südafrika und Trinidad (Wolf 1957).

Das Krankheitsgeschehen und sein Verlauf vollziehen sich im Pflanzenreich in großer Mannigfaltigkeit. Die Möglichkeiten und ihre oft gesetzmäßig erfolgenden Abläufe sind vielseitig. Wir wissen, daß bestimmte Krankheitserreger sporadisch in Erscheinung treten und hierbei nur

Abb. 21. *Rhabdocline pseudotsugae* Syd. 15× (Original A. KÜHNE — Zürich)

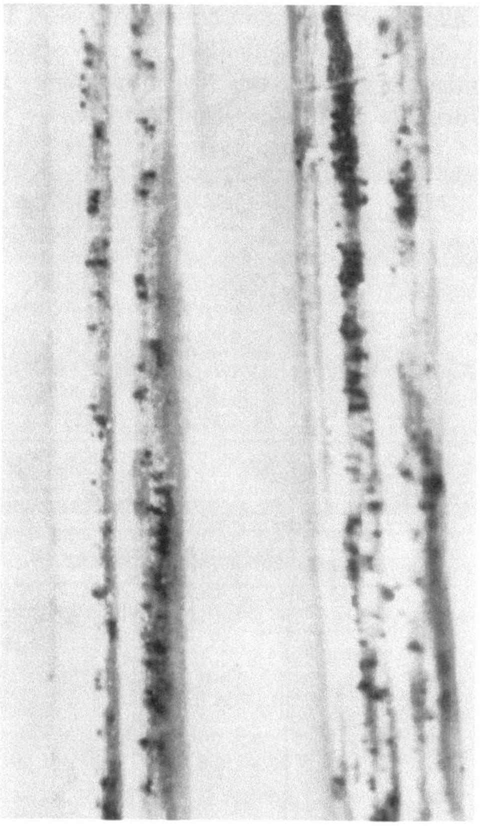

Abb. 22. *Phaeocryptopus gäumanni* (Rohde) Petr. 15× (Original A. KÜHNE — Zürich)

einzelne Pflanzen erkranken. Oft ist hier zwischen den einzelnen Krankheitsherden kein innerer Zusammenhang erkennbar. Kommt es auf Grund für den Parasiten günstiger Konstellationen zu massierten Infektionen, so ist der Tatbestand einer Epidemie, d. h. eines seuchenhaften Auftretens gegeben. Wir bezeichnen eine Epidemie als endemisch, wenn ihr Verbreitungsgebiet ein Areal umfaßt, in dem der betreffende Krankheitserreger seit langer Zeit heimisch ist. Greift von einem derartigen Gebiet aus ein Krankheitserreger auf neue Bezirke über, so kommt es zu einem Seuchenzug, einer fortschreitenden (progressiven) Epidemie. Nicht selten erfassen derartige Seuchenzüge mehrere Kontinente, verursachen dort ein Massensterben und erlangen damit den Charakter einer Pandemie. Von ausschlaggebender Bedeutung ist, daß der Erreger selbst seuchenfähig ist oder, anders ausgedrückt, daß ein entsprechendes epidemisches Potential vorhanden ist. Wir kennen eine Reihe von Fällen, in denen Nutzpflanzen von anderen Kontinenten nach Europa gebracht worden sind. Insbesondere bei generativ vermehrten Pflanzen ist zunächst die Wahrscheinlichkeit, daß Krankheitserreger dieser Pflanzen mit dem Samen in die neuen Anbaugebiete verschleppt werden, nicht als sonderlich groß anzusehen. Wir haben daher anfänglich im neuen Anbaugebiet der betreffenden Nutzpflanze ein Areal, in dem herkömmliche Krankheitserreger des ursprünglichen Herkunftsgebietes fehlen. Dieser Zustand pflegt jedoch nicht von Dauer zu sein. Ungewiß bleibt lediglich die Länge der jeweiligen Phasenverschiebung, d. h., innerhalb welchen Zeitraumes ein bestimmter Krankheitserreger seinem Wirte nachfolgt. Die von GÄUMANN (1951) angeführten Beispiele der *Rhabdocline pseudotsugae* Syd. (Abb. 21) bzw. *Phaeocryptopus gäumanni* (Rohde) Petr. (Abb. 22) bei der Douglasie und der *Puccinia komarovi* Tranzschel bei *Impatiens parviflora* DC. lehren uns, daß der Vorsprung des Wirtes in diesen Fällen nach 60—80 Jahren aufgeholt wurde (RAUHALA 1951). Der genannte Zeitraum ist jedoch keineswegs allgemein verbindlich. Jeder Seuchenzug, der erstmalig bisher von dem betreffenden Erreger freigebliebene Gebiete erfaßt, ist durch eine besondere Dynamik des Geschehens gekennzeichnet. Ein derartiger Einbruch nimmt sehr oft den Charakter einer Katastrophe an. Er bedingt große wirtschaftliche Schäden mit oft sehr weitreichenden Folgen. Im Verlauf späterer Jahre oder Jahrzehnte kann er sich gleichsam auf einer bestimmten Ebene konsolidieren. Derartige Vorkommnisse sind uns mehrfach bekannt geworden. Ein anschauliches Beispiel dieser Art ist der Seuchenzug des echten Mehltaus der Weinrebe (*Uncinula necator* (Schwein.) Burr.) (Abb. 23). Der Pilz, der nordamerikanischen oder ostasiatischen Ursprungs

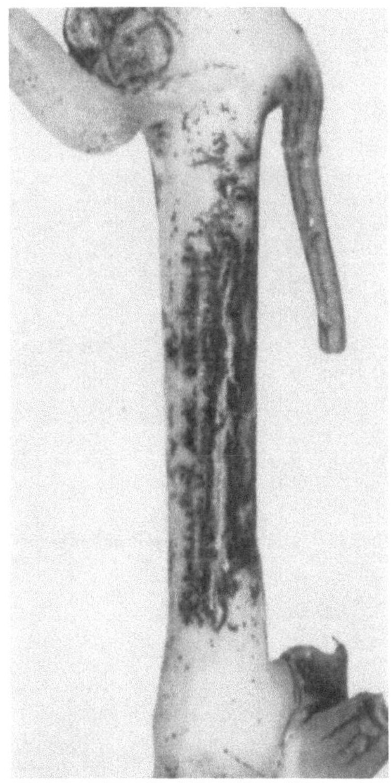

Abb. 23. *Uncinula necator* (Schwein.) Burr. — Schwarz-braune Flecke und Risse in der Rinde eines noch nicht verholzten Müller-Thurgau-Triebes. Die schwarzen Flecke sind auch in der vegetationslosen Zeit (im Winter) als rot-braune Flecke auf der Borke zu erkennen (Original GÄRTEL)

ist, wurde erstmalig in Europa im Jahre 1845 in England beobachtet. Von diesem Einschleppungsherd griff er dann innerhalb kurzer Zeit auf den Kontinent über, und im Verlauf von weniger als 5 Jahren waren alle Rebenanbaugebiete Europas, Vorderasiens und Nordafrikas durchseucht (BLUMER 1967) (Abb. 24). Nicht nur die Expansion als solche war bemerkenswert, sondern auch die wirtschaftliche Auswirkung. In Frankreich, wo die Kultur der Weinrebe von besonderer wirtschaftlicher Bedeutung ist, sank im Zeitraum von 1850 bis 1854 der Weinertrag von 45,3 auf 10,8 Millionen Hektoliter, d. h. weniger als ein Viertel. Die entsprechenden Zahlen je Hektar Anbaufläche betrugen nach MÜLLER (1918) 20,7 bzw. 4,9 Millionen Hektoliter. Bereits im Jahre 1854 war der Höhepunkt des Seuchenzuges erreicht, es erfolgte nun ein Abklingen, eine Einstellung auf eine Art Gleichgewichtszustand. Die Rebenbestände waren durchseucht, die Krankheit wurde endemisch. Es war ihr der Charakter der Bösartigkeit genommen, ohne daß damit ihre wirtschaftliche Bedeutung verkannt werden darf. Dieser Seuchenzug berührte zwar Gebiete menschlichen Interesses, betraf jedoch eine Kulturpflanze, die nicht als unabdingbar für die menschliche Ernährung anzusehen ist, wie dies etwa für die Getreidearten und für die Kartoffel gilt. In einem derartigen Fall muß eine Pandemie noch weit verhängnisvollere Folgen haben. Auch hier hat die europäische Menschheit ein anschauliches Beispiel kennenlernen müssen, wie am Beispiel der Kraut- und Knollenfäule der Kartoffel dargelegt wurde.

In den ersten Jahrzehnten ihrer Kultur schien die Kartoffel ein Muster an Gesundheit zu sein. Der Grund hierfür war darin zu suchen, daß bestimmte Krankheitserreger der für Europa neuen Kulturpflanze nicht unmittelbar gefolgt waren. Beispiele zahlreicher Arten lehren uns, daß die Krankheitserreger ihren Wirtspflanzen mit nahezu absoluter Sicherheit nachfolgen und daß lediglich der hierfür beanspruchte Zeitraum unterschiedlich sein kann. Auch die Kartoffel bildet keine Ausnahme von dieser Regel.

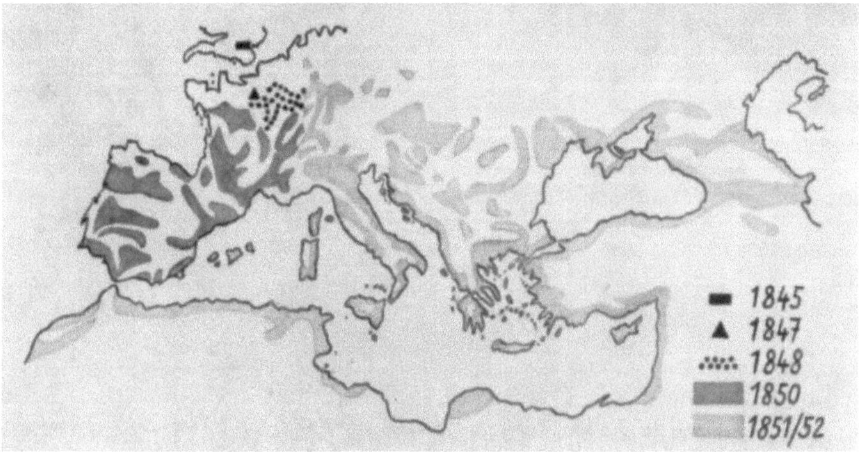

Abb. 24. Die europäische Pandemie des echten Mehltaus der Weinrebe (nach BLUMER)

Abb. 25. *Peronospora tabacina* Adam — Anbaufläche in Hohensaaten bei Schwedt, August 1962 (Foto R. SCHWARTZ)

Das Jahr 1960 ist durch den beispielhaften Seuchenzug des Erregers des Blauschimmels des Tabaks (*Peronospora tabacina* Adam) in Europa gekennzeichnet (Abb. 25). Die Pandemie hat von England ihren Ausgang genommen. Mit geradezu elementarer Gewalt vollzog sich eine Durchseuchung der Tabakkulturen in den betroffenen Ländern. Während CORBAZ (1961, 1964) ein erstes Auftreten in England für das Jahr 1958 vermerkt (Abb. 26), ist nach KLINKOWSKI (1961) bereits im Jahre 1957 in England Blauschimmelbefall an Ziertabaken und in Gewächshäusern an *Nicotiana glutinosa* festgestellt worden. KLINKOWSKI und SCHMIEDEKNECHT (1960) und KLINKOWSKI (1962) haben ausführlich über die einzelnen Etappen der Ausbreitung in den Jahren 1960 und 1961 berichtet. Nach den ersten warnenden Vorzeichen des Jahres 1959 mußte damit gerechnet werden, daß die Krankheit zu einer ernsten Gefahr für den Tabakanbau in West- und Mitteleuropa und darüber hinaus für den gesamten Kontinent werden kann. Alle diesbezüglichen Vermutungen wurden jedoch noch übertroffen. Verluste, die 50 Millionen Mark überstiegen, waren das Fazit des Jahres 1960 (Tab. 3). Aus den Versteigerungen der Tabakernte

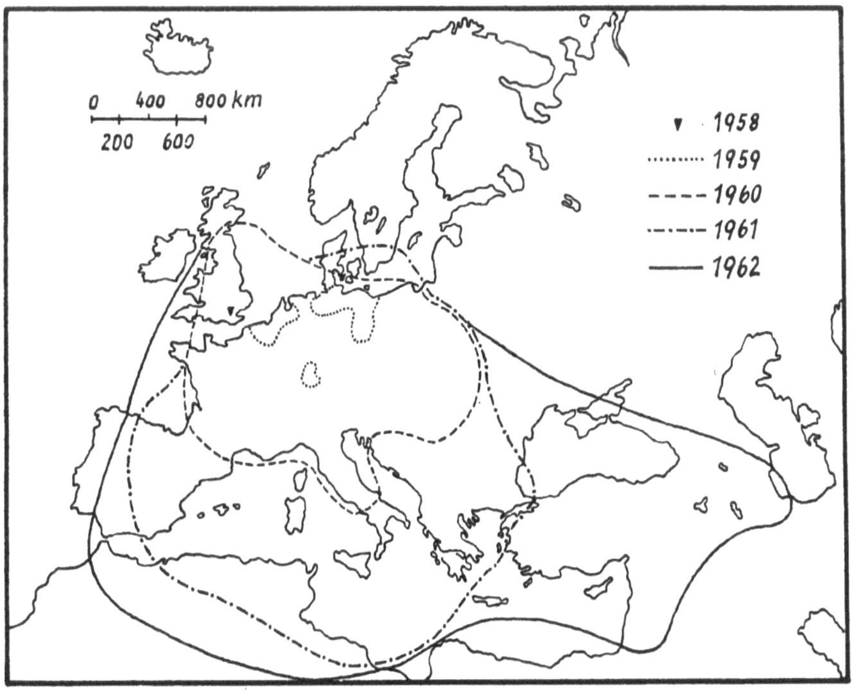

Abb. 26. Die europäische Pandemie des Tabakblauschimmels (nach CORBAZ)

1960 in Westdeutschland läßt sich nach Angaben der Tabakbauvereine ein orientierendes Bild im Vergleich zum Jahre 1959 geben. Danach wurden angeboten in Franken im Jahre 1959 5237 dt, 1960 3545 dt, in Baden 1959 19905 dt, 1960 10216 dt und in der Pfalz 1959 15952 dt, 1960 9442 dt. Bei einem Angebot von 1114 dt heißluftgetrockneter Virgintabake der Sorte ‚SCR' aus Franken waren 748 dt = rund 67% blauschimmelinfiziert. Neben quantitativen Ernteminderungen ist demnach auch mit erheblichen qualitativen Einbußen zu rechnen.

Über die weitere Ausbreitungstendenz bestand kaum ein Zweifel. Bulgarien und Griechenland, in denen der Tabakanbau eine weit größere wirtschaftliche Bedeutung als in anderen Ländern West- und Mitteleuropas besitzt, waren im Verlauf der Jahre 1961 und 1962 in das Befallsgebiet einbezogen. Der Blauschimmel griff auf den nordafrikanischen Kontinent über und erreichte schließlich auch Kleinasien. Im Jahre 1969 wird über erstmaliges Auftreten im Irak berichtet (AL-ANI 1970). Bemerkenswert für den Seuchenzug des Jahres 1961 erscheint, daß der Befall zwar großflächig war, aber in den Gebieten, die bereits im Vorjahr betroffen waren, wesentlich geringere wirtschaftliche Schäden zur Folge hatte. In erstmals betroffenen Befallsgebieten, so z. B. in Bulgarien, war das Ausmaß der entstandenen Schäden erneut besorgniserregend. Über den jahreszeitlichen Ablauf hat Kröber (1961) für Westdeutschland und Populer (1965) für Europa, Vorderasien und Nordafrika berichtet.

Tabelle 3

Verluste durch den Blauschimmel in Europa im Jahre 1960

Land	Verlust in % der Tabakernte
Frankreich	67
Belgien	65
Bundesrepublik Deutschland	60
Deutsche Demokratische Republik	30
Österreich	25
Schweiz	10
Italien	5

Gäumann (1951) hat gesagt: „Jede Epidemie verläuft eigengesetzlich, ändert ihren Charakter, schwillt an und wird bösartig, klingt ab und wird milder; sie besitzt ihr eigenes Gesicht, ihre eigene Morphologie, ihren eigenen *genius epidemicus*. In den meisten Fällen ist eine Epidemie doppelseitig begrenzt; sie besitzt zeitlich und räumlich einen Anfang und ein Ende." Inzwischen dürfte auch die Durchseuchung der europäischen, nordafrikanischen und vorderasiatischen Tabakanbaugebiete als abgeschlossen zu betrachten sein. Wir wissen, daß für das Abklingen der säkularen Seuchenkurven die wachsende Durchseuchung der Bestände eine wesentliche Rolle spielt. Wir verstehen hierunter keine erworbene Immunität, sondern die Selektion und Ausmerzung anfälliger Individuen und den Aufbau einer widerstandsfähigen Population. Es bleibt die Frage zu beantworten, ob wir im europäischen Tabakanbau mit einer derartigen Entwicklung rechnen dürfen. Gäumann (1951) hat sehr eindringlich dargelegt, daß bei Nutzpflanzen diese Durchseuchung nicht den gleich hohen Stand zu erreichen pflegt wie bei der wildwachsenden Flora. Der Grund dafür ist darin zu suchen, daß eine chemische Bekämpfung des Krankheitserregers dies weitgehend unterbindet. Im Fall des Blauschimmels des Tabaks sind in allen europäischen und vorderasiatischen Ländern sehr intensive Maßnahmen eingeleitet worden, die praktisch die chemische Bekämpfung aller Tabakpflanzen zum Ziel haben.

Der Erreger des falschen Mehltaues der Weinrebe (*Plasmopara viticola* (B. et C.) Berl. et de Toni) (Abb. 27) ist in Europa vom Anbeginn seines Auftretens an mit chemischen Mitteln bekämpft worden. Dies hatte zur Folge, daß eine wirkliche Durchseuchung unterbunden wurde. Die europäische Weinrebe ist daher noch im gleichen Maße anfällig wie vor einem Jahrhundert. 1878 erstmalig im südwestlichen Frankreich festgestellt, 1882 in Deutschland nachgewiesen, können die durch früh beginnenden Laubfall und vorzeitige Vernichtung der Beeren auftretenden Verluste ein erhebliches Ausmaß einnehmen und Ertragsminderungen von 30—50% bewirken.

Ein gegenläufiges Beispiel ist der echte Mehltau der Weinrebe (*Uncinula necator* (Schwein.) Burr.). Hier standen zunächst keine Bekämpfungsmittel zur Verfügung. Die Durchseuchung konnte optimal erfolgen, es baute sich eine widerstandsfähige Population auf, und die Krankheit gilt heute als verhältnismäßig harmlos. Wird die Durchseuchung der europäischen Tabakbestände durch die intensive chemische Bekämpfung weitgehend unterbunden, dürfte es nicht zur Auslese widerstandsfähiger Individuen kommen. Wir dürfen dann kaum die Hoffnung hegen, daß eine im Zusammenhang mit der Auslese eintretende Schwächung des Erregers stattfinden wird, die sich in geringerer Infektiosität und abnehmender Keimausstreuung äußern würde. Gegen diese Annahme läßt sich aber, worauf Braun (1953) hingewiesen hat, zumindest

Abb. 27. *Plasmopara viticola* (B. et G.) Berl. et de Toni
Junge Müller-Thurgau-Traube von *Peronospora*-Rasen bedeckt (Original GÄRTEL)

Abb. 28. *Oidium syringae* Blumer (nach BLUMER)

der Zeitfaktor geltend machen. Vielleicht bewahrheiten sich auch die Erwartungen, die BLUMER (schriftliche Mitteilung) ausgesprochen hat: „Wir wollen hoffen, daß es so geht wie beim Fliedermehltau (*Oidium syringae* Blumer) (Abb. 28), der 1943 in die Schweiz kam (BLUMER 1951). 1950 war unser Land vollständig durchseucht, und zwar war der Befall so stark, daß die Sträucher schon von weitem weiß bestäubt erschienen. 1952 war der Fliedermehltau bei uns schon als Rarität zu bezeichnen, und seit 1953 habe ich in der Nord- und Ostschweiz keinen befallenen Strauch mehr gesehen. Wenn es mit dem Blauschimmel so gehen sollte, wird man wohl im Brustton der Überzeugung erklären, daß dieses Wunder nur dank der chemischen Bekämpfung zustandegekommen sei, doch mir fehlt der Glaube."

Spekulative Erwägungen können demnach das völlige Verschwinden der Krankheit in den Bereich der Möglichkeit rücken und als Extrem zu dieser Auffassung die ständige Gefahr der Auslösung einer Epidemie durch den Erreger des Blauschimmels des Tabaks postulieren. Die überwiegende Auffassung geht dahin, daß die Krankheit in Europa nicht mehr verschwinden wird. In Jahren, die für die Entwicklung des Krankheitserregers optimal sind, muß mit epide-

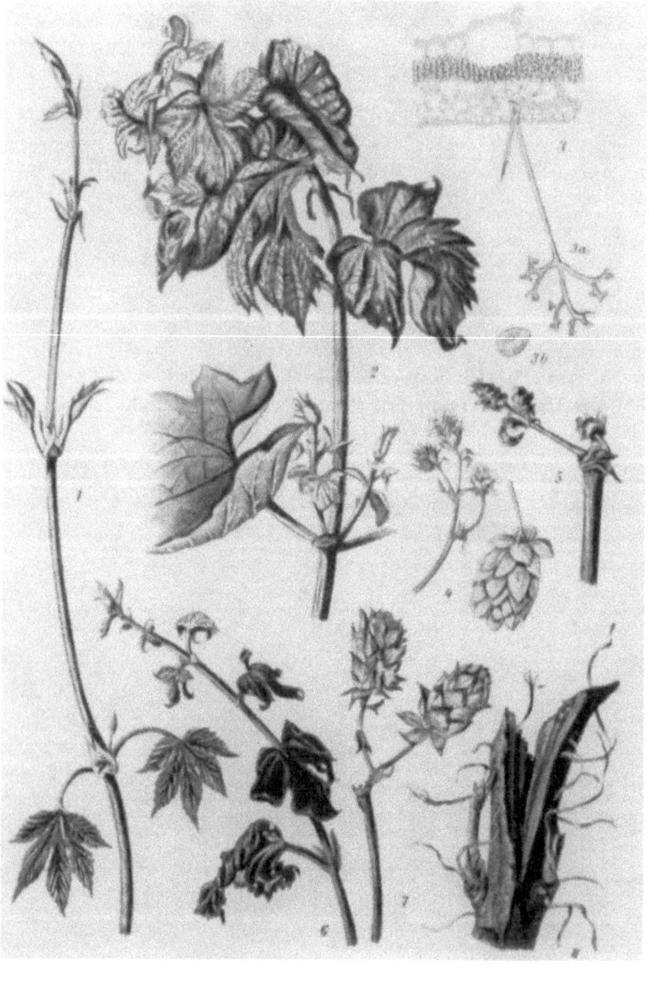

Abb. 29. *Pseudoperonospora humuli* (Miy. et Tal.) Wilson
1. Gesunder Hopfentrieb, 2. Infizierter Trieb („Bubikopf"), 3. Querschnitt durch ein infiziertes Blatt, 3a. Konidienträger, 3b. Zoosporangium, 4. Gesunde Dolden, 5. Infizierte Dolden, 6. Infizierter Sproß, 7. Doldenbräune nach Infektion, 8. Fechserbräune als Folgekrankheit (*Fusarium*) (nach MERKENSCHLAGER)

mischem Auftreten gerechnet werden. In diesem Zusammenhang dürfte den Bestrebungen der Resistenzzüchtung besondere Bedeutung zukommen (ENDEMANN, RAMSON und EGERER 1962).

Das Auftreten und Umsichgreifen der Hopfenperonospora (*Pseudoperonospora humuli* (Miy. et Tal.) Wilson) (Abb. 29) in den Jahren 1924—1926 in Europa, insbesondere in Mitteleuropa, hat zur damaligen Zeit alarmierend gewirkt. Die Hopfenperonospora ist ein Musterbeispiel dafür, daß die epidemische Ausbreitung einer Pflanzenkrankheit auch außerhalb der betroffenen Kreise Aufsehen erregte (ZATTLER 1964). MIYABE und TAKAHASHI (1905/06) haben im Jahre 1905 erstmalig den Erreger an kultiviertem Hopfen in Japan festgestellt und kurz danach wurde auch Befall an Wildhopfen (*Humulus lupulus* L. var. *cordifolius* Maxim.) nachgewiesen. Der Fund an Wildhopfen führte zu der Annahme, daß der Pilz in Japan endemisch sei. Im Jahre 1909 trat die Krankheit erstmalig in Wisconsin auf. 1929 war die Hopfenperonospora in Britisch-Kolumbien weit verbreitet, im darauffolgenden Jahr fand man sie im Puyallup-Tal in Washington und in Otsego, New York. Weit verbreitet war sie 1930 im Willamette-Tal. Sie drang dann nach Kalifornien vor (Sonoma County), erreichte 1934 die Lake und Mendocino Counties

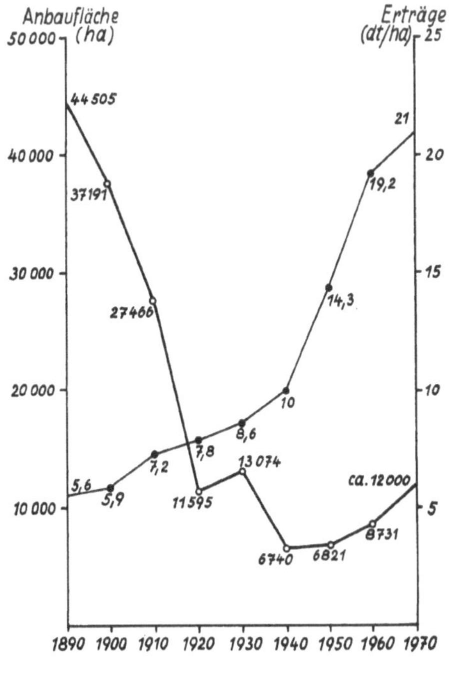

Abb. 30. Hopfenflächen und Hopfenerträge 1890—1970 (1890—1945 Deutschland, 1946—1970 Westdeutschland) (nach BAYER, Pflanzenschutzkurier)

und 1935 die Sacramento, Yolo und Yuba Counties. Später wurde sie auch in Idaho angetroffen. Heute sind nur noch Neuseeland, Tasmanien und Australien befallsfrei (ROMANKO 1964). In Europa wurde der Erreger zuerst in England im Jahre 1920 im Wye-College-Hopfengarten festgestellt (SALMON und WORMALD 1923), vermutlich mit Samen und Pflanzen aus Japan eingeschleppt. Es entstanden Verluste bis zu 25%. Der ungewöhnlich trockene Sommer 1921 beeinträchtigte zunächst die Entwicklung des Pilzes. Bereits im Jahre 1924 war der englische Hopfenbau allgemein von der Krankheit betroffen (SALMON und WARE 1925). Im gleichen Jahr griff der Pilz auf den europäischen Kontinent über und löste hier eine Pandemie aus. Betroffen waren die Anbaugebiete Belgiens, Frankreichs, der Tschechoslowakei, Jugoslawiens und Deutschlands. In Deutschland wurde die Krankheit zum ersten Mal im Gebiet von Tettnang beobachtet (LANG 1925). Im darauffolgenden Jahr waren auch die Anbaugebiete in Spalt und in der Hallertau in Mitleidenschaft gezogen. Anfänglich wurde diese bisher nicht bekannte Krankheit als physiologische Störung angesehen und als „Doldenbräune" bezeichnet. Die weitere Ausbreitung erfolgte so umfassend, daß 1926 alle Hopfenanbaugebiete Europas betroffen waren. Bis zur Einführung konsequent durchgeführter Bekämpfungsmaßnahmen waren große Ertragsverluste die Folge, Qualitätsmangel die Regel, und nicht selten mußten Hopfenanlagen gerodet werden. Heute kann man sich kaum noch vorstellen, welche Auswirkung der Befall in den Jahren der europäischen Pandemie zur Folge hatte. Auch versuchsweise unbehandelt gelassene Parzellen vermögen nicht den vollen Eindruck der damaligen verheerenden Auswirkung zu vermitteln. In der Hallertau sank der durchschnittliche Hektarertrag, der in der Zeitspanne 1915—1925 durchschnittlich 5,5 dz betragen hatte, auf 1,6 dz. Der wirtschaftliche Schaden wurde in Bayern im Jahre 1926 auf 30 Millionen Mark beziffert (ZATTLER 1929). Inzwischen haben sich die Erträge verdreifacht, was ohne Zweifel mittelbar durch das Auftreten der „neuen" Krankheit begünstigt worden ist. Das verheerende Auftreten der Hopfenperonospora war Ausgangspunkt einer Intensivierung der Forschung und Beratung und führte damit zu einer Hebung der gesamten Anbautechnik wie der Ernte- und Behandlungsmaßnahmen. So hat sich im Endeffekt die *Peronospora* des Hopfens von einem anfänglich retardierenden zu einem progressiven Faktor entwickelt (Abb. 30).

In den USA wurde der Pilz 1909 auf Wildhopfen und 1930 erstmals in Oregon auf Kulturhopfen beobachtet (HOERNER 1940). Nach SKOTLAND (1961) hat das Auftreten der Hopfenperonospora eine Verlagerung des Hopfenbaues in die ariden Gebiete des pazifischen Nordwestens ausgelöst.

Vielfach neigt man der Auffassung zu, daß die „neue" Hopfenkrankheit aus Japan oder den USA nach England eingeschleppt worden ist (ARKER 1928) und sich dann von Westen nach Osten über den Kontinent ausbreitete. Diese Meinung ist jedoch nicht unwidersprochen geblieben. Bedeutungsvoll ist in diesem Zusammenhang, daß von BLATTNÝ (1935) noch nachträglich an Saazer Hopfen des Erntejahres 1914 der *Peronospora*-Pilz nachgewiesen wurde. Nach HAMPP (1931) sprechen weitere Anhaltspunkte dafür, daß eine im Jahre 1895 als „Rotrost" beschriebene Krankheit des Hopfens im Elsaß bereits *Peronospora* gewesen sei. BLATTNÝ (1927) hält es für denkbar, daß der Pilz aus dem Osten nach Europa eingedrungen ist. Für diese Meinung spricht, daß *Peronospora*-Befall an Wildhopfen im Kaukasus durch JACZEWSKI (zitiert bei BLATTNÝ 1927) festgestellt worden ist. Wie in vielen anderen Fällen wird eine eindeutige Klärung des Sachverhaltes nicht zu erreichen sein.

Endozoischer Wundübertragung und Verschleppung durch den Wind und durch den Menschen verdankt das Ulmensterben (*Ceratocystis ulmi* (Buism.) C. Mor.) (Abb. 31) seine schnelle Ausbreitung. Mechanische Verletzungen und Frostschäden und die dadurch bedingten Wunden sind Ausgangspunkte primärer Infektion. An den Wundstellen siedeln sich vom Wind verbreitete Sporen des Erregers an. Der Pilz scheidet Welketoxine aus (REBEL 1969) und schwächt dadurch den Baum. Damit ist die Disposition für den Massenbefall durch Ulmenborkenkäfer (*Hylurgopinus rufipes* (Eich.), *Scolytus multistriatus* (Marsham)) geschaffen. Die Käfer verschleppen die Pilzsporen in ihre Brutkammern, verbreiten damit den Erreger und fördern die schnelle Vermehrung des Pilzes. Neu gebildete Sporen werden dann wieder durch den Wind weiter verbreitet. Die Krankheit, erstmalig 1918 in Bussy (Somme) in Frankreich beobachtet (GUYOT 1921) und 1919 in Holland beschrieben (SCHWARZ 1922), hat sich mit großer Schnelligkeit zunächst über Mitteleuropa (Belgien, Frankreich, Deutschland, Österreich) ausgebreitet (WOLLENWEBER und STAPP 1928). Auch in Großbritannien faßte sie bald Fuß. 1929 waren Italien und Jugoslawien erreicht, und 10 Jahre später erstreckte sich das Befallsgebiet bis nach Taschkent. Heute ist das Ulmensterben in Europa von Finnland und Irland bis nach Portugal und zur Türkei anzutreffen. Auf ihrem Wege hat sie überall die Ulmenbestände dezimiert, oft vielfach vernichtet. In Holland wurden im Verlaufe von 9 Jahren im Stadtgebiet von Hilversum 7% der Ulmen vernichtet, in Utrecht und Rotterdam im Verlauf einer Dekade 63 bzw. 47%. Im Stadtforst von Leipzig sank der Ulmenanteil in den Jahren 1925—1951 von 31 auf 15%.

Abb. 31. *Ceratocystis ulmi* (Buism.) C. Mor. im Einetal in Aschersleben (Foto H. Nordmann)

In den an der Save gelegenen Wäldern in Jugoslawien wurden über eine Million Ulmen vernichtet. Aus der UdSSR sind große Verluste von Litauen bis zum Ural und zum Kaukasus und aus Mittelasien bekannt (Heybroek 1966). Nach Braun (1953) war in Berlin bis zum Jahre 1935 von 78000 Ulmen ein Drittel gefällt. Es liegen Anhaltspunkte dafür vor, daß im Berliner Raum die Krankheit schon vor der Jahrhundertwende bekannt gewesen ist. Im Jahre 1930 liegen die ersten Angaben über das Auftreten des Ulmensterbens in den USA vor (Richter 1934). Acht Jahre später waren u. a. im Staate New Jersey bereits 25000 Ulmen abgestorben. Die Einschleppung des Krankheitserregers erfolgte mit Ulmenholz über die Häfen am Atlantik und im Golf von Mexiko. Der Mensch war hieran — eines von vielen Beispielen — entscheidend beteiligt.

Es gibt nur wenige pilzparasitäre Krankheitserreger einer Nutzpflanze, die den Menschen unmittelbar in Mitleidenschaft ziehen können. Ein derartiges Beispiel sei nachstehend ausführlicher dargestellt. Das Mutterkorn (*Claviceps purpurea* (Fr.) Tul.) (Abb. 32) ist im Grassamenbau als Krankheitserreger wirtschaftlich bedeutungsvoll, insbesondere bei der Wiesenrispe (*Poa pratensis* L.). In Vermehrungsbeständen im Gebiet von Meißen (Leutewitz, Krögis) betrug nach Frauenstein in den Jahren 1965—1967 der Mutterkornbesatz zwischen 3300 und 4600 Sklerotien in 100 g Saatware. In Sortenvergleichsprüfungen in Motterwitz (1966—1968) betrug die Anzahl der Sklerotien bei einer besonders anfälligen Sorte im 2. Nutzungsjahr 12450 Stück in 100 g Saatware. Müssen Vermehrungsbestände auf Grund des hohen Mutterkornbesatzes aberkannt werden, so bedeutet das einen großen finanziellen Verlust und oft den vorzeitigen Umbruch einer mehrjährigen Kultur (Mühle, schriftliche Mitteilung).

Die durch den Genuß von Mehl und Mehlprodukten mit Mutterkornbesatz hervorgerufene Krankheit, als Ergotismus bezeichnet, läßt sich bis zum Jahre 994 zurückverfolgen. Mit großer Wahrscheinlichkeit ist sie auch schon früher aufgetreten. Das Mutterkorn hat eine traurige Berühmtheit erlangt nicht nur durch Ernteverluste, sondern insbesondere durch die Krankheitserscheinungen, die es bei Mensch und Tier (Garner 1957, Amelung 1966) ausgelöst hat. In

Abb. 32. *Claviceps purpurea* (Fr.) Tul. (Foto R. Schwartz)

Wien, wo die Krankheit häufig war, nannte man sie „heiliges Feuer", anderswo trug sie die Bezeichnung „Feuer des Heiligen Antonius" und „Übel des Irrlichtes". In einigen Gegenden Frankreichs, z. B. in Limoges, war das Mutterkorn 994 so stark verbreitet, daß 40000 Menschen der Krankheit zum Opfer fielen. Von Papst Urban II. wurde im Jahre 1095, speziell zur Pflege der durch Genuß von mutterkornhaltigem Brot Erkrankten, der Orden des Hl. Antonius genehmigt (Becker 1967).

In den vergangenen Jahren ist die Krankheit mehrfach in Erscheinung getreten, besonders in feuchten Jahren, die die Entwicklung des Mutterkorns begünstigten. Insbesondere in Zeiten des Mangels und der Hungersnot trennten die armen Leute nicht die Mutterkörner vom Getreide.

Der Ergotismus hat schon frühzeitig allgemeines Interesse erweckt, ohne daß man zunächst den Schlüssel zur Lösung dieses Rätsels fand. Eine Epidemie in Hessen im Jahre 1596 gab erstmalig Veranlassung, das Mutterkorn hierfür verantwortlich zu machen. Es war der französische Abbé Tessier, der anläßlich der Epidemie in Sologne (südlicher Teil von Loire-et-Cher) im Jahre 1777 den wahren Grund des Übels ermittelte. Er experimentierte mit verschiedenen Tieren und konnte vom Menschen bekannte Krankheitssymptome reproduzieren, worüber er in der Société Royale de Médecine berichtete (Geoffrion 1964). Die letzte französische Epidemie größeren Ausmaßes ist aus dem Jahre 1816 (Burgund) bekannt. Im 2. Weltkrieg sind einige Fälle des Ergotismus aus Westfrankreich bekannt geworden, ohne jedoch besondere Bedeutung für sich zu beanspruchen. Allgemein neigte man der Auffassung zu, daß kaum anzunehmen wäre, daß eine seltene Krankheit des Mittelalters plötzlich wiedererscheinen könnte. Die klinischen Manifestationen des Ergotismus sind sehr variabel. Sie umfassen u. a. Übelkeit,

Erbrechen und Durchfall, daneben Hypothermie und Untertemperatur. Zu einem niedrigen Puls gesellt sich in vielen Fällen eine Vergrößerung der Pupillen, ebenso treten pseudoepileptische Erscheinungen auf. Damit ist nur ein Teil der möglichen Krankheitssymptome beschrieben.

Vor der chemischen Bearbeitung der physiologisch wirksamen Inhaltsstoffe von *Claviceps*-Sklerotien wurden sie häufig als Geburtshilfsmittel benutzt, oral verabfolgt. Der deutsche Arzt Adam Lonicere erwähnt sie bereits 1582 als Antihysterika. Der Deutsche Camerarius beschrieb ausführlich die Wirkung auf die Entbindung, woher sich der Name „Mutterkorn" ableitete. Aus Frankreich berichtet 1774 Parmentier in einem an das Journal de Physique gerichteten Brief, daß die Hebammen in Vexin seit langem sich des Mutterkorns bedienen. Dies trifft auch für die kommenden Jahrzehnte zu, worauf auch eine Doktorarbeit aus dem Jahre 1823 von Huchodé (Considérations sur le seigle ergoté en général et sur ses emplois dans les accouchements en particulier) hinweist.

Wir wissen heute, daß im Mutterkorn eine größere Anzahl von Alkaloiden enthalten sind. Dies ist der Grund dafür, daß es häufiger zu schweren Komplikationen kam und im Jahre 1832 gefordert wurde, die Mutterkornverwendung bei der Geburt zu verbieten. Heute sind die einzelnen Inhaltsstoffe isoliert und bekannt und aus bestimmten wird LSD_{25} synthetisiert (Gröger 1969). Der Ergotismus in seiner historischen Form ist seit vielen Jahren nicht mehr bewußt erlebt worden, so daß man über seine Gefahren vielfach nur ungenügend unterrichtet war und auch nicht wußte, wie sie zu vermeiden waren. Dies zeigte sich im Jahre 1951 am Saint-Esprit-Fall des Ergotismus (pain maudit). Der erste Beleg ist eine kleine Zeitungsnotiz vom 22. August 1951. In der französischen Tagespresse ist die Diskussion hierüber bis zum 21. Januar 1965 zu verfolgen, als das Oberste Gericht seine Entscheidung zu diesem Fall verkündete. Die Bilanz bestand in fast 300 erkrankten Menschen, von denen 5 starben. Viele der Patienten waren so hoffnungslos wahnsinnig, daß nicht sicher ist, ob sie jemals den vollen Verstand wiedererlangen werden. Überraschend war, daß die Befunde der Ärzte denen der Toxikologen entgegengesetzt waren. Der ärztlichen These der Quecksilbervergiftung stand die des Ergotismus gegenüber. Laboratoriumsuntersuchungen der Saint-Esprit-Opfer erfolgten zu spät, um eine signifikante Menge von Mutterkornalkaloiden, selbst wenn sie ursprünglich vorhanden gewesen waren, zu entdecken. LSD gelangt in 10 min in das Blut und löst dort eine mysteriöse Kettenreaktion aus, die aus eigenem Impuls fortdauert, nachdem die Säure verschwunden ist. In dem für die Akademie angefertigten Bericht ist LSD ein besonderer Abschnitt gewidmet. Was immer die wahre Antwort auf das Geheimnis sein wird, wird wahrscheinlich niemals bekannt werden. Einer der Ärzte drückte seine Meinung wie folgt aus: „Es gibt einen und nur einen Grund für die Tragödie, irgendeine Form des Mutterkorns, und diese Form muß logischerweise verwandt sein mit dem LSD" (Fuller 1968).

Für die Getreiderostarten bieten der amerikanische und der europäische Kontinent instruktive Beispiele epidemischen Auftretens. Sie sollen hier nur in einzelnen Teilaspekten beschrieben werden. In allen derartigen Fällen sind mehr oder minder große Ertragsausfälle mit dem epidemischen Auftreten des betreffenden Rostpilzes verbunden. Bei dem Schwarzrost der Getreidearten (*Puccinia graminis* Pers.) (Abb. 33) erfolgt eine zyklische Steigerung der Bereitschaft zu Rostepidemien durch die Außentemperatur. In der annuellen Seuchenkurve äußert sich dies in einem Anstieg der Epidemie gegen den Hochsommer, da die Widerstandsfähigkeit im allgemeinen mit steigender Temperatur abnimmt. Gleichzeitig wird auch die Sporenproduktion des Erregers begünstigt. Demzufolge sind in der säkularen Seuchenkurve warme Jahre meist Schwarzrostjahre. Im allgemeinen bedingen hohe Temperaturen der Monate Mai, Juni und Juli in den Sommerweizen bauenden Staaten der USA (Minnesota, North und South Dakota) starke, niedere Temperaturen schwache Schwarzrostepidemien. Unter einem Mittel von 16,5 °C trat überhaupt keine Schwarzrostepidemie mehr auf, wie von Stakman und Lambert (1928) für den Zeitraum von 1904 bis 1925 nachgewiesen wurde.

Es sind auch eine Reihe von Beispielen bekannt (GÄUMANN 1951), wonach ein Erreger eine Änderung seiner parasitischen Eigenschaften erfährt und dadurch zum Ausgangspunkt einer neuen Epidemie wird. Hierfür können z. B. Bastardisierung, Saltation oder Mutation verantwortlich sein. Die Weizenschwarzrostrasse 38 verdankt ihre Entstehung wahrscheinlich

Abb. 33. *Puccinia graminis* Pers. – von links die Berberitze (Zwischenwirt) mit Aecidiosporenlagern, Teleutosporenlager an Ähre und Stengel und Uredosporenlager an Blatt und Stengel (nach APPEL)

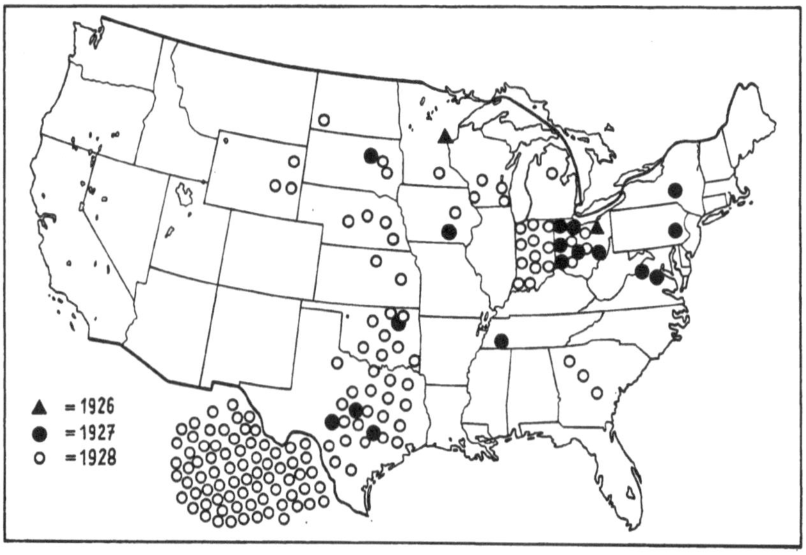

Abb. 34. Epidemische Expansion des Weizenschwarzrostes, Biotyp 38, in den USA in den Jahren 1926–1928 (nach WALLACE)

einer Bastardierung. Im Jahre 1926 nur lokal bekannt, hatte sie 2 Jahre später fast das gesamte Weizenanbaugebiet der USA, einschließlich Mexiko, überschwemmt (Abb. 34) (WALLACE 1932). Die Rasse 56 war maßgeblich an der Epidemie des Jahres 1935 beteiligt, ihr folgte ein entsprechender Anstieg für den Biotyp 17. Die neuen Rassen rollten gleich Wellenkämmen über das Weizenareal der USA hin. Den Verlauf der Schwarzrostepidemie haben STAKMAN (1947) und BRAUN (1953) anschaulich geschildert. Der im südlichen Texas auf Winterweizen überwinternde Rost verursacht dort in der Regel eine schwache Frühjahrsepidemie. Starke Niederschläge im Mai 1935 und Südwinde begünstigten die Ausbreitung bis nach Oklahoma, wo der Rostbefall Anfang Juni sechsmal stärker als normal war. Die Rostsporen wurden von hier aus in höheren Luftschichten nach dem Norden verfrachtet, außerdem erzeugten sie in Kansas und Nebraska einen Zwischenherd, der ebenfalls die Ausbreitung der Rostsporen bis nach Kanada ermöglichte. Sie lösten dort, ebenso wie in den Nordstaaten, eine katastrophale

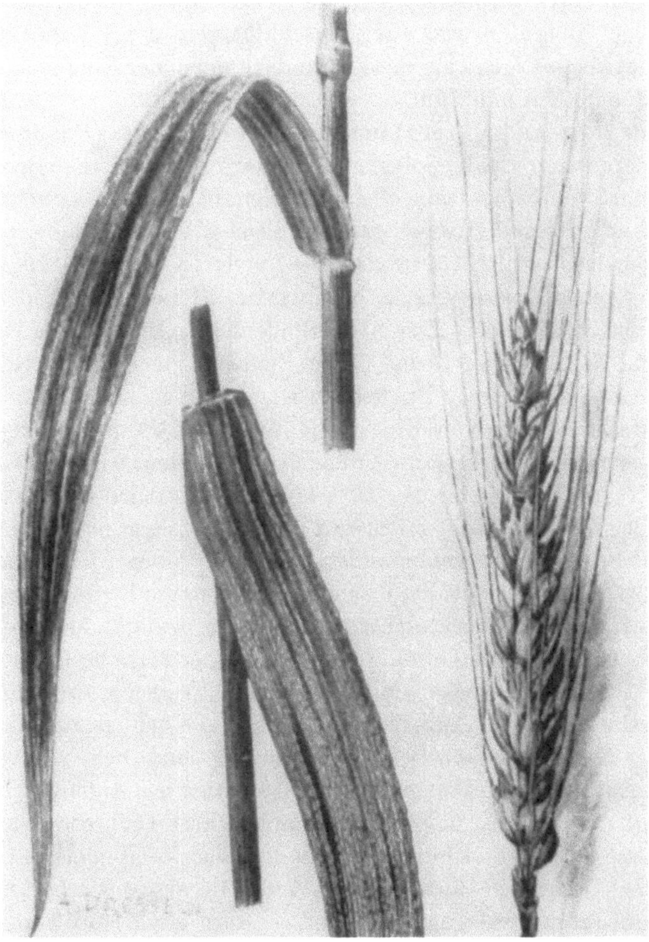

Abb. 35. *Puccinia striiformis* West. — Uredosporenlager auf dem Blatt und auf den Hüllspelzen der Ähre (nach APPEL)

Epidemie aus. So wurden am 25. Juli in Fargo je Quadratdezimeter 105500 Uredosporen aufgefangen. Die Weizenfelder waren gleichsam von Uredosporen dicht bestäubt. Allein in den Staaten Minnesota, North und South Dakota, wo 60% der Ernte vernichtet wurden, betrug der Ertragsausfall im Jahre 1935 3,7 Millionen t Weizen. Für das gesamte Land betrug die Ernteminderung 25%. Viele Farmer gaben ihre Betriebe auf, in anderen Fällen hatten sie mit den finanziellen Auswirkungen 5 Jahre und länger zu tun (WOOD 1953).

Für Europa hat ZADOKS (1965), mit dem Jahre 1925 beginnend, nach Ländern aufgegliedert, über das epidemische Auftreten des Schwarzrostes berichtet und die Ausbreitungstendenzen des Schwarzrostes in Europa kartenmäßig dargestellt. Gegen die von ihm in diesem Zusammenhang entwickelten Theorien hat HASSEBRAUK (1967) Einwände erhoben. Das Schwarzrostauftreten in Europa weist nach seiner Meinung in der Regel ein zeitliches Gefälle von Süden nach Norden auf, wobei die Entwicklungsphasen des Getreides und nicht der vorherrschende Wind bestimmend sind. Bedenken werden auch gegen die von ZADOKS angenommene windbedingte Sporenausbreitung von Südwesten nach Nordosten in Mitteleuropa (western tract) geäußert, ebenso wird der postulierte eastern tract abgelehnt.

Über die starke Schwarzrostepidemie in Deutschland und Südosteuropa im Jahre 1932 berichtete KLEMM (1934). In den Provinzen Ostpreußen und Schlesien wurden Ernteverluste in Höhe von 38 Millionen Mark verursacht. In den Weizenanbaugebieten des Donautals kam es stellenweise zu totalen Mißernten, was zur Folge hatte, daß der Weizenexport eingeschränkt bzw. untersagt wurde. Begünstigend auf das Zustandekommen der Epidemie wirkten die starken Niederschläge der Monate Mai und Juni.

Sehr eingehend hat sich ZADOKS (1961) mit dem Weizengelbrost (*Puccinia striiformis* West.) (Abb. 35), insbesondere seiner Epidemiologie und seiner physiologischen Spezialisierung befaßt. Im Jahre 1955 hat eine Gelbrostepidemie allein in Holland einen Verlust von 5 Millionen Gulden zur Folge gehabt. Landwirte und Züchter waren in gleicher Weise hierüber beunruhigt (BROEKHUIZEN 1955). Eingehend beschreibt ZADOKS „Die Carsten V Epidemie", „Die Heines Kolben Epidemie", „Die Joncquois Epidemie", die bedeutsame „Heines VII Epidemie", „Gelbrost an Peko", „Die Flamingo Epidemie", „Die Alba Epidemie", „Die Heines IV Epidemie", „Die Triumph Epidemie", „Gelbrost an Leda", „Die Epidemie der Capelle Rasse", „Die Probus Epidemie" und „Die Étoile de Choisy Epidemie". Ergänzend sei noch auf die von HASSEBRAUK (1962) für Westdeutschland und von BENADA (1963) für Mähren beschriebene Epidemie im Jahre 1961 hingewiesen. Im gleichen Jahr wird auch über epidemisches Auftreten in Kalifornien berichtet, wobei Ertragseinbußen von 28—56% festgestellt wurden (HALISKY et al. 1962).

Aus dem Ablauf der einzelnen Epidemien wird die Schlußfolgerung abgeleitet, daß eine Sorte zu Beginn ihres Anbaues zumeist widerstandsfähig zu sein pflegt. Im Verlaufe einer Periode, die zwischen 0 und 20 Jahren variiert, kann eine neu auftretende Rostrasse, zunächst lokalisiert, mehr oder minder starken Befall verursachen, der leicht unbemerkt bleiben kann. Virulenz der Rasse, Witterungskonstellation und Umfang des Anbaues der Sorte bestimmen dann das weitere Verhalten. Einzelne Rostrassen verschwinden mit ihren Trägersorten, wie dies für die ‚Carsten V'- und ‚Alba'-Rassen zutraf. Andere besitzen nicht die genügende Virulenz, um sich ausbreiten zu können (‚Flamingo'-Rasse). Bei den ‚Heine VII'- und ‚Peko'-Rassen vermindern sich Häufigkeit und Intensität der Infektionen mit der Abnahme der Anbaufläche von ‚Heine VII', zusätzlich begünstigt durch einige ungünstige Sommer. Eine Gelbrostepidemie setzt günstige Witterungsverhältnisse für eine bestimmte Zeitdauer voraus, kombiniert mit einer hohen Intensität der Kultur der Trägersorte auf großer Fläche. Derartige Verhältnisse waren für die ‚Heine VII'-Rasse im Jahre 1955 gegeben, die sich über ganz Nordwesteuropa ausbreitete. Die ‚Triumph'-Rasse, gleich virulent, löste dagegen keine Epidemie aus, da der extrem trockene Sommer dies verhinderte und auch wegen der geringeren Anbaufläche der Trägersorte. Nach OORT (1955) können die europäischen Gelbrostrassen 3 Gruppen zugeordnet werden. Ihre geographische Verteilung ist eng gebunden mit der Verteilung bestimmter Weizensorten bzw. -gruppen, daneben spielen auch Temperatur und Feuchtigkeit eine gewichtige Rolle.

In den letzten Jahrzehnten ist der Gelbrost vielfach auch in Länder vorgedrungen, die bisher befallsfrei waren, da er die heißere Jahreszeit in kühleren Gebirgslagen überdauern konnte. Ebenso ist er in zunehmendem Maße bedrohlich in die subtropischen ariden Getreideanbaugebiete eingedrungen. Geradezu alarmierend war der Gelbrostbefall im Jahre 1957 in den Great Plains der USA. Lediglich der australische Kontinent ist bisher noch nicht in Mitleidenschaft gezogen worden (HASSEBRAUK 1960).

Der Maisrost (*Puccinia polysora* Underw.), in Mexiko und Mittelamerika verbreitet, gelegentlich auch in Südamerika, Westindien und in den Südstaaten der USA angetroffen, gelangte 1949 (vermutlich mit Saatgut) an die Gold- und Elfenbein-Küste und verbreitete sich von Westafrika aus in wenigen Jahren in einem verheerenden Seuchenzuge über den afrikanischen Kontinent und neuerdings bis nach Ostasien (WOOD und LIPSCOMB 1956).

Sehr anschaulich hat GÄUMANN (1951) am Beispiel des Blasenrostes der Weymouthskiefer (*Cronartium ribicola* J. C. Fischer) (Abb. 36) gezeigt, wie eine harmlose, endemisch schlummernde Krankheit zu einer weltweiten Pandemie auswachsen kann, die Millionenwerte vernichtet. Im vorliegenden Fall wurde in einen latent gefährdeten Raum (natürliches *Ribes*-Areal) ein anfälliger Zwischenwirt gebracht. Damit wurde durch den Menschen eine neue Infektionskette geschlossen, die eine Brücke zur Folge hatte vom ostrussisch-sibirischen Reliktherd um die ganze Erde bis zur Ost- und später Westküste der USA.

Der Pilz entwickelt sich in der Haplophase auf fünfnadligen *Pinus*-Arten und bildet auf deren Stämmen Spermogonien und Aecidien, die den Blasenrost, insbesondere der Weymouthskiefer (*Pinus Strobus* L.), bedingen. Auf den Blättern von *Ribes*-Arten werden in der Dikaryophase Uredo- und Teleutosporenkrusten ausgebildet, die den Blattrost der Johannisbeeren auslösen. Während der Vegetationsperiode kann der Pilz von *Ribes* auf *Ribes* übergehen, dagegen nicht von *Pinus* auf *Pinus*. Zwangsläufig muß der Pilz von *Pinus* aus *Ribes* befallen und muß dann von *Ribes* eine Passage über eine fünfnadlige *Pinus* absolvieren. Der Wirtswechsel — an sich fakultativ — ist am Beginn und am Ende der Vegetationszeit obligat. Daraus ergibt sich, daß der Blasenrost nur dort aufzutreten vermag, wo das Vorkommen beider Wirte verbürgt ist.

Bekannt war das endemische Vorkommen in den Ostalpen und in Ostrußland und Sibirien. Natürliche und durch den Menschen bedingte Voraussetzungen lösten dann die eigentliche Blasenrostepidemie aus. Zwischen den beiden isolierten Blasenrostherden kommen wildwachsende und kultivierte *Ribes*-Arten vor, es fehlte jedoch die anfällige fünfnadlige *Pinus*-Art. Diesem labilen Gleichgewicht bereitete der Mensch mit seinen wirtschaftlichen Maßnahmen ein Ende. Zu Beginn des 18. Jahrhunderts wurde aus den Oststaaten der USA die Weymouthskiefer eingeführt, die als wertvolle Holzart sich besonderer Wertschätzung erfreute. Damit wurde eine Vergesellschaftung einer fünfnadligen *Pinus*-Art mit *Ribes*-Sträuchern geschaffen. Nachdem im Laufe der Jahre das europäische Areal der Weymouthskiefer in sich geschlossen den ostrussisch-sibirischen Blasenrostraum berührte — etwa vor 120 Jahren — ging der Blasenrost auf den bisher nicht bekannten Wirt, die Weymouthskiefer, über, was eine Epidemie in Westexpansion zur Folge hatte. Epidemien zwischen 1865 und 1879 sind aus den baltischen Gebieten, aus Finnland, Dänemark und Deutschland bekannt, 1889 waren Frankreich, 1892 Großbritannien, 1894 Belgien und 1895 die Schweiz in Mitleidenschaft gezogen. Das Schicksal der Weymouthskiefer schien zeitweilig besiegelt zu sein.

30 Jahre nach Beginn der europäischen Epidemie wurde 1909 der Krankheitserreger aus Frankreich mit jungen Bäumen in die Nordoststaaten der USA eingeschleppt. Die ausgelöste Blasenrostepidemie nahm sehr bald den Charakter einer Pandemie an. Das Bestreben geht heute dahin, durch systematische Vernichtung aller anfälligen *Ribes*-Sträucher und im natürlichen Verbreitungsgebiet aller infizierten Stämme von *Pinus Strobus* L. und *P. monticola* Dougl. einzudämmen (MARTIN 1939). Ergänzend zum Kapitel der Rostkrankheiten sei noch auf die im Jahre 1931 in Europa erfolgte Einschleppung des Löwenmaulrostes (*Puccinia antirrhini* Dietel et Holway) (Abb. 37) und seine Ausbreitung über den europäischen Kontinent berichtet (VERONA 1951). Aus Abb. 38 ist zu ersehen, daß die Ausbreitung im Verlauf weniger Jahre erfolgte. Bereits 15 Jahre später war der Löwenmaulrost bis nach Südafrika (PHILLIPS 1940) und nach dem Iran (ESFANDIARI 1946) vorgedrungen. Die Ausbreitung dieses Krankheitserregers hat sich

Abb. 36. *Cronartium ribicola* J. C. Fisch. 2× (Original A. KÜHNE — Zürich)

Abb. 37. *Puccinia antirrhini* Dietel et Holway (Foto R. SCHWARTZ)

somit in einer bemerkenswert kurzen Zeit vollzogen und dabei den gesamten europäischen Kontinent in Mitleidenschaft gezogen. Der Löwenmaulrost wurde erstmalig in Kalifornien im Jahre 1895 festgestellt (BLASDALE 1903). Die weitere Ausbreitung in Nordamerika vollzog sich in folgenden Phasen: 1913 Illinois, 1914 Ohio und Indiana, 1915 Wisconsin, Iowa, Maine, New Hampshire, Massachusetts, Rhode Island, Connecticut, New England und Oregon, 1916 Alabama, Nebraska, Missouri und Kanada (Guelph und Montreal). Heute ist der Löwenmaulrost in den USA allgemein verbreitet, insbesondere in den nördlichen Gebieten (DORAN 1921).

Der Kaffeerost, auch als Orientalische Blattkrankheit bezeichnet (*Hemileia vastatrix* Berk. et Broome) (Abb. 39) bedingt ein Abwerfen infizierter Blätter und kann bei starkem Befall zum Absterben ganzer Zweige führen. Die Ernteverluste betragen bis zu 35%. Der Kaffeerost stellt die gefährlichste Kaffeekrankheit dar. In der Mitte des 19. Jahrhunderts war der Kaffeeanbau in Ceylon, der bis auf das Jahr 1670 zurückzuverfolgen ist, die Haupteinnahmequelle. Im Jahre 1868, dem Jahr erstmaligen Erscheinens, verursachte die Krankheit im Distrikt Madulsima vorzeitigen Blattfall und starken Ertragsrückgang. Epidemisches Auftreten des Kaffeerostes bedingte danach im Verlauf weniger Jahre, daß die Kaffeekultur sich als unrentabel erwies und ab 1878 schließlich zugunsten des Tees überhaupt aufgegeben werden mußte, da die Erträge auf ein nicht mehr vertretbares Maß abgesunken waren (Tabelle 4).

Die durch den Kaffeerost im Zeitraum von 1869 bis 1878 bedingten Verluste wurden auf 156 bis 180 Millionen Rs. geschätzt.

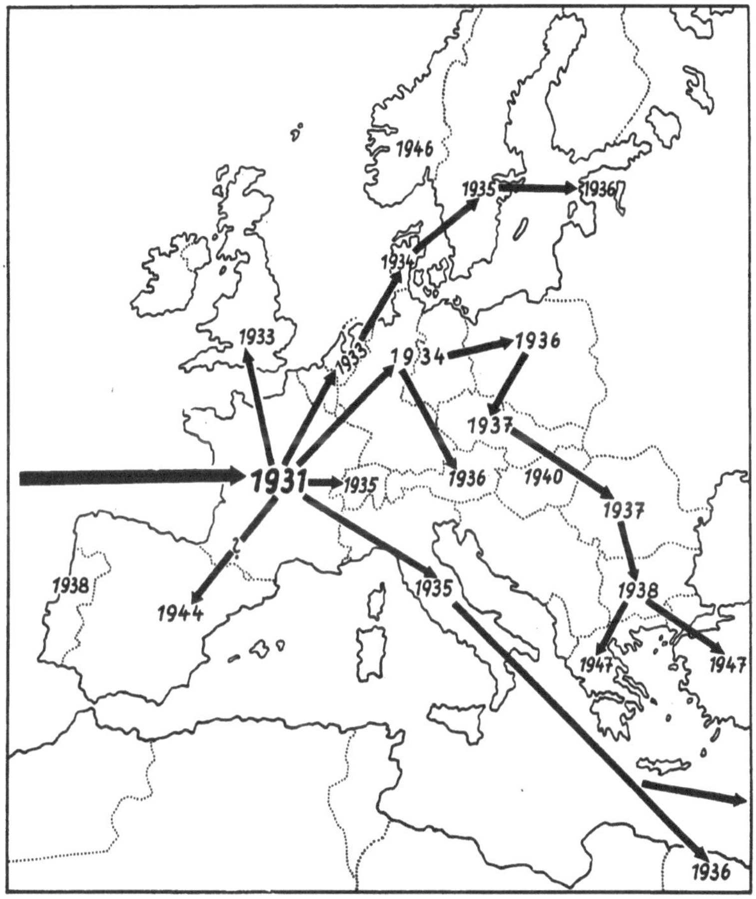

Abb. 38. Die Expansion des Löwenmaulrostes in Europa (nach VERONA)

Zur Zeit des erstmaligen Auftretens in Ceylon war die Kenntnis über Pilzkrankheiten der Pflanzen noch sehr mangelhaft. So nimmt es nicht wunder, daß u. a. aus den Wäldern einwandernde Ratten für das Zustandekommen der Epidemie verantwortlich gemacht wurden. DANIEL MORRIS und insbesondere ein junger Botaniker aus Cambridge, MARSHALL WARD, haben

Tabelle 4

Rückgang des Kaffee-Ertrages in Ceylon als Folge der Rostepidemie
(nach ABEYGUNAWARDENA)

Zeitraum	Ertrag in acre/cwt
1866–1868	4.28
1869–1871	4.54
1872–1874	2.93
1875–1877	2.98

sich um die Aufklärung der Biologie des Erregers des Kaffeerostes und um seine Bekämpfungsmöglichkeiten verdient gemacht, wenngleich sie den Verfall der Kaffeekultur in Ceylon nicht abwenden konnten (ABEYGUNAWARDENA 1969).

Auch in Java kam der Kaffeeanbau zum Erliegen, an seine Stelle trat hier der Anbau von *Hevea*. Ähnlich waren die Verhältnisse auf den Philippinen, wo dem Kaffeerost ein Drittel der Ernte zum Opfer fiel. Inzwischen hat der Kaffeerost auf seinem Zuge über den Erdball die Kaffeekulturen in etwa 25 Ländern vernichtet. 1869 wurde der Kaffeerost in Indien, 1876 in Sumatra nachgewiesen, 1879 in Java und auf den Fidschi-Inseln. Natal und Südafrika waren 1878 betroffen, die Insel Mauritius 1882 und Réunion 1886. Für Madagaskar liegt der Nachweis für 1886 vor, 2 Jahre später erreichte der Kaffeerost Vietnam und im Jahr darauf die Philippinen. Auf der Insel Samoa und in Borneo war die Krankheit 1890 nachzuweisen und 4 Jahre später im damaligen Deutschostafrika. Danach breitete sie sich aus nach Kenya (1913), Uganda, dem Kongo (1906) und Äthiopien, nach Malaya und Mozambique. 1952 erreichte der Kaffeerost Westafrika, 1953 wurde er an der Elfenbeinküste und ein Jahr später an der Goldküste nachgewiesen. Im Jahre 1966 war auch Angola betroffen. Der Kaffeerost tritt heute in fast allen kaffeeanbauenden Ländern auf. Nach FRÖHLICH und RODEWALD (1963) befällt er alle Kaffeesorten, wobei *Coffea arabica* L. und *C. liberica* Bull. anfälliger sind als die sog. *robusta*-Sorten.

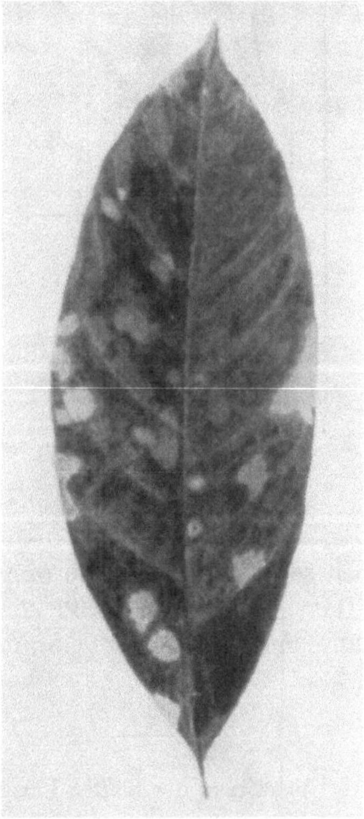

Abb. 39. *Hemileia vastatrix* Berk. et Broome (nach ABEYGUNAWARDENA)

Über den Ursprung der Krankheit in Ceylon gibt es widersprüchliche Auffassungen. Vielfach wird angenommen, daß die Krankheit von einer in Südindien und Ceylon endemischen Kaffeeart (*Coffea travencorensis* Wight et Arn.) ihren Ausgang genommen hat. Es wird auch die Auffassung vertreten, daß eine Wildpflanze den Ausgangsherd darstellt. Es darf wohl mit Recht angenommen werden, daß der Kaffeerost in Zentral- und Ostafrika seinen Ursprungsherd hat, wo er *Coffea canephora* Pierre (syn. *C. robusta* Linden) wie auch wildwachsende Kaffeearten befällt. Vermutlich erfolgte die Einschleppung nach Ceylon anthropogen durch lebende Kaffeepflanzen oder durch infiziertes Material.

Bis vor wenigen Jahren war das Vorkommen von *Hemileia vastatrix* auf Afrika, Asien und die Pazifischen Inseln beschränkt. Im Gebiet von Kamerun bis nach Westafrika ist *Hemileia coffeicola* Maubl. et Rog. anzutreffen, die jedoch weit weniger schädlich und aus anderen Kontinenten nicht bekannt ist. Auf dem südamerikanischen Kontinent ist die amerikanische Blattfleckenkrankheit (*Omphalia flavida* Maubl. et Rangel) anzutreffen, die z. B. in Costa Rica jährlich etwa 20% der Ernte zerstört. Bereits im Jahre 1902 wurde der Kaffeerost auf den Großen Antillen eingeschleppt (Puerto Rico), konnte jedoch damals durch rigorose Maßnahmen wieder ausgerottet werden. Im Januar 1970 erstreckte sich die Expansion von *Hemileia vastatrix* auch auf den südamerikanischen Kontinent, wo der Agronom Arnaldo de Medeiros das Vorkommen der Rasse 2 in Brasilien an *Coffea arabica* in der Nähe von Itabuna entdeckte. Das Befallsgebiet erstreckt sich zur Zeit auf 150 Befallsherde in den Bundesstaaten Bahia, Espirito Santo und Minas Gerais, während anfänglich São Paulo und Paraná noch verschont geblieben sind. Vorerst sind es vornehmlich die Anbaugebiete an der atlantischen Küste Brasiliens, die betroffen sind, die 1500 Meilen von den Befallsgebieten der afrikanischen Westküste entfernt sind. Es wird wohl auch hier nicht mit Sicherheit zu klären sein, ob anthropogene Gegebenheiten oder Sporenflug über den Ozean für die Verschleppung verantwortlich zu machen sind. Um der weiteren Ausbreitung in Brasilien Einhalt zu gebieten, war zunächst geplant, in einem 52 km breiten Grenzstreifen jeden Kaffeestrauch zu vernichten. Mit diesem fast 400 km langen Trennstreifen, der sich in Nord-Süd-Richtung von Belo Horizonte bis an die Atlantikküste hinziehen sollte, hoffte man eine Ausbreitung des Krankheitserregers auf die wichtigsten Anbaugebiete der Bundesstaaten São Paulo und Paraná zu verhindern. Inzwischen sind aber bereits die ersten Befallsherde westlich der ursprünglich projektierten Trennlinie gefunden worden, was den Trennstreifen illusorisch macht. Damit ist der Kaffeerost an die Grenze des zweitwichtigsten brasilianischen Anbaugebietes gelangt, das sich vom Süden der Bundesstaaten Minas Gerais bis in den Staat São Paulo hineinzieht. Dieses vor Jahrzehnten größte brasilianische Kaffeeanbaugebiet ist nur durch relativ schmale kaffeefreie Regionen vom bedeutendsten Kaffeeanbaugebiet der Welt im Staate Paraná getrennt. Inwieweit die Umstellung auf rostresistente *arabica*-Typen und chemische Bekämpfung eine wirtschaftliche Katastrophe verhindern können, bleibt abzuwarten. Hierbei ist zu bedenken, daß in Brasilien heute 2,2 Milliarden Kaffeesträucher vorhanden sind. In diesem Zusammenhang ist es nicht uninteressant, daß bereits vor 45 Jahren das Vorkommen des Krankheitserregers in Brasilien beschrieben worden ist (Averna-Sacca 1925), der damals offensichtlich jedoch nicht Fuß zu fassen vermochte.

Es dürfte keinem Zweifel unterliegen, daß nach jetzt vollzogener Einbürgerung des Erregers auch die übrigen Länder des südamerikanischen Kontinentes, Mittelamerika und Westindien in Kürze einbezogen werden.

Der Erreger der Blasenkrankheit des Teestrauches (*Exobasidium vexans* Massee) zerstört bei starkem Befall junge Blätter und Triebe vollkommen. Mit dem Beginn der Regenzeit treten die ersten Krankheitssymptome auf, sie bestehen in runden blassen, rosa oder rot gefärbten Blattflecken, deren Oberseite glänzend erscheint. Die Oberfläche senkt sich zu einer flachen Aushöhlung, während die Unterseite blasig aufgetrieben wird. Die Erkrankung junger Zweige bedingt ein Absterben des gesamten Austriebes und damit der erntbaren Blattmasse. Starker Befall hat Auswirkungen auf die Ernten der nächsten Jahre, schwacher Befall auf die des laufenden Jahres und hat zusätzlich eine Schwächung des Teestrauches zur Folge. Das Ausmaß einer Erkrankung ist von ausreichender Luftfeuchtigkeit und kühler Witterung abhängig. Der Pilz ist gegen hohe Temperaturen empfindlich, während er Trockenzeiten leichter überdauern kann. Außer Tee (*Camellia sinensis* (L.) Kuntze, syn. *Thea assamica* J. W. Mast.) sind keine anderen Wirtspflanzen bekannt.

Im Verlauf der letzten 2 Jahrzehnte hat die wirtschaftliche Bedeutung dieser Teekrankheit stark zugenommen. Erstmalig wurde die Krankheit aus Assam im Jahre 1868 bekannt, wo sie endemisch in einem relativ kleinen Gebiet auftrat, ohne nennenswerte Schäden zu verursachen. Anfänglich für eine Insektenschädigung gehalten, wurde die pilzparasitäre Natur erst 1895 durch Massee nachgewiesen (Roger 1951). Stärkere Ertragseinbußen in den Jahren 1895, 1900 und 1906 erregten über den lokalen Rahmen hinaus kaum Besorgnis. Allgemeine Aufmerksamkeit beanspruchte erst das plötzliche, sehr starke Auftreten im Jahre 1908 in den besten Teegegenden von Darjeeling. In den darauffolgenden Jahren blieb die Krankheit dort in wechselndem Ausmaß eine ständige Bedrohung. 1931 trat die Blasenkrankheit epidemisch in einem Teil von Vietnam auf. 1946 waren auch Südindien und Ceylon betroffen. Im August 1947 betrug der Ernteausfall in Südindien 60%, in Ceylon wurden die durchschnittlichen Ernteverluste auf 10% beziffert. Ende April 1949 hatte der Krankheitserreger die Ostküste von Sumatra erreicht und sich dort schnell ausgebreitet (USCHDRAWEIT 1949). In Sumatra betrugen 1950 in den höher gelegenen Ländereien die Ertragsminderungen 25—30% und im Jahre 1956 in Java 10%. Inzwischen umfaßt das Verbreitungsareal auch Malaya, China, Formosa und Japan.

Die Bekämpfungsmöglichkeiten umfassen die Anwendung von Fungiziden, die Beachtung besonderer Kulturverfahren und den Anbau resistenter Teeklone, die aus Ceylon und aus Java bekannt sind. Auch chinesische Hybriden erwiesen sich als resistent. Die Resistenz beruht offensichtlich auf einer Überempfindlichkeit (VENKATARAMANI 1956). Mit keiner der genannten Bekämpfungsmöglichkeiten kann jedoch der Krankheitserreger vollständig niedergehalten werden. So haben die Kulturverfahren nur dann Erfolg, wenn Fungizidanwendungen erfolgen. Die Umstellung auf den Anbau resistenter Pflanzen wird im Hinblick auf die Langlebigkeit der Teepflanzen viele Jahre beanspruchen (SCHUHMANN 1962).

Abb. 40. *Helminthosporium oryzae* Breda de Haan (nach MUNDKUR)

Hingewiesen sei noch auf ein Beispiel, das auf dem asiatischen Kontinent nicht frei von tragischen Aspekten geblieben ist. Die Braunfleckenkrankheit des Reises (*Helminthosporium oryzae* Breda de Haar, die Kondienform von *Ophiobolus miyabeanus* Ito et Kurib.) (Abb. 40) war ein maßgeblicher Faktor im Rahmen der großen Hungersnot in Bengalen im Jahre 1943. Erstmalig wurde die Krankheit auf Hüllspelzen des Reises 1892 im Stadtbereich von Tokyo festgestellt (Hori 1901). 1924 wurde über das Vorkommen in den Südstaaten der USA und auf den Philippinen berichtet (Tullis 1935). Westafrika, die Elfenbeinküste und Sierra Leone waren ebenfalls einbezogen. Die Schädigung der Karyopse bedingt oft erhebliche Ertragsminderungen. Niederschläge und Wind wirken stark befallsbegünstigend. Heute ist die Krankheit in allen Reisanbaugebieten anzutreffen.

Die von der Indischen Regierung im Jahre 1944 gebildete „Famine Inquiry Commission" hat in ihrem ersten Bericht unter dem Titel „Report on Bengal", neben anderen Informationen, über Geschichte und Ursachen der Hungersnot in Bengalen näheren Aufschluß gegeben. Im „Final Report, 1945", der von Sir John Woodhead geleiteten „Famine Inquiry Commission" (Woodhead et al. 1945) ist zu lesen: Bengalen hat normalerweise ein Defizit in Reis- und Weizenproduktion. Die durchschnittlichen jährlichen Reisimporte betrugen nach den statistischen Angaben für den Zeitraum 1936/37 bis 1941/42 nahezu 132000 t. Darüber hinaus gibt es statistisch nicht erfaßte Importe aus Assam und Arakan in Burma, deren genaues Ausmaß nicht mit Sicherheit angegeben werden kann. In diesem Zusammenhang entbehrt es nicht des Interesses, daß die Ernte des Aman-Reises, der im November und Dezember 1942 geerntet wurde, eine sehr geringe gewesen ist.

Die jährlichen Ertragsverluste in Indien durch Krankheitserreger, Freiland- und Vorratsschädlinge werden auf 10% der Gesamternte beziffert. Bei unvermittelt auftretenden Epidemien kann ein rentabler Anbau unmöglich werden. Nur in Ausnahmefällen sind im Verlauf derartiger Epidemien die entstandenen Verluste untersucht und berechnet worden. Im Verlauf einer Epidemie ist jeder Anbauer betroffen und muß mit minderen Erträgen rechnen. Welche Ausmaße derartige Kalamitäten erreichen können, hat die bengalische Hungersnot erneut unter Beweis gestellt. Die Braunfleckenkrankheit war einer der Hauptursachen der Hungersnot. Wenn es nicht zur Hungersnot gekommen wäre, dann wäre der durch diese Krankheit verursachte Schaden nicht wirklich gewürdigt und heute sicherlich vergessen worden (Raychaudhuri, schriftliche Mitteilung).

In seinen Ausführungen über die Braunfleckenkrankheit des Reises schreibt Padwick (1950) in seinem Buch „Manual of Rice Diseases", daß die Verluste im Verlauf der zweiten Krankheitsphase — der Blattphase — epiphytotische Ausmaße annehmen können. Dies war mit Sicherheit in Bengalen im Jahre 1942 der Fall.

Trotz ihrer gelegentlichen Bedeutung hat man bisher vorhandene Resistenzunterschiede nicht genutzt (Ou und Jannings, 1969). Als Ergebnis seiner Untersuchungen ermittelte Ganguly (1946) sechs braunfleckenresistente Reissorten in Bengalen. In Fortführung dieser Untersuchungen, die ein Sortiment von 490 Sorten umfaßten, stellten Ganguly und Padmanabhan (1959) sowie Padmanabhan, Ganguly und Chandwani (1966) fest, daß lediglich 9 Sorten unter indischen Verhältnissen Resistenz aufwiesen. Neuere Untersuchungen haben gezeigt, daß die Braunfleckenkrankheit durch Nährstoffmangel begünstigt wird und weiterhin auf Böden anzutreffen ist, die überschüssige Mengen von H_2S oder organischer Säuren aufweisen. Baba (zitiert in Ou und Jennings 1969) hat daraufhin vorgeschlagen, verdünnte H_2S-Lösung für Resistenzprüfungen auf Wurzelfäule im Zusammenhang mit dem Erreger der Braunfleckenkrankheit zu verwenden.

Ein anderes Beispiel aus neuerer Zeit über beachtliche Verluste durch eine Pilzkrankheit stellt in Indien die Rotfäule des Zuckerrohrs (*Physalospora tucumanensis* Speg.) dar (Abb. 41). Der Höhepunkt fällt in den Zeitraum 1938—1939. Die durch diese Krankheit hervorgerufenen Verluste wurden durch die Schätzungen und Berechnungen der Zuckerindustrie deutlich unterstrichen. In stärker betroffenen Gebieten konnten die meisten Fabriken nur 33 % einer Normalernte verarbeiten (Woodhead et al. 1945).

Neben Viren, Pilzen und Bakterien sind auch die Nematoden in die Betrachtung einzubeziehen. Schon vor 2500 Jahren wurde in Athen die Frage der Bodenfruchtbarkeit diskutiert. Es waren

Abb. 41. *Physalospora tucumanensis* Speg. (Konidienstadium *Colletotrichum falcatum* Went., Synonym *Glomerella tucumanensis* (Speg.) v. Arx et Müller) (nach EDGERTON)

im Prinzip die gleichen Fragen, die heute erörtert werden: lassen die Böden bei ständigem Anbau bestimmter Kulturpflanzen in ihrer Ertragsfähigkeit nach und gibt es bei zunehmender Bevölkerungsdichte eine Grenze der Ertragsfähigkeit der Böden (WHITNEY 1925). Berichte aus der Römerzeit (COLUMELLA u. a.) über die Erschöpfung des Bodens lassen auch die Erklärung zu, daß das Auftreten parasitärer Nematoden hierfür verantwortlich zu machen ist (RASKI 1959, DECKER 1969).

Die zunehmende und sich ständig ausbreitende Bodenerschöpfung mit ihren Folgeerscheinungen wie Landflucht, Arbeitslosigkeit, Ausweichen auf entferntere Gebiete, im Zusammenhang hiermit stehende Eroberungsfeldzüge und wirtschaftliche Abhängigkeit werden für den Untergang Roms verantwortlich gemacht. Die Erschöpfung des Bodens trat zuerst in Latium auf und dehnte sich dann über das übrige Italien, Sizilien und Nordafrika aus. Nur in Ägypten blieb die Bodenfruchtbarkeit erhalten, was auf die jährliche Überschwemmung des Nils zurückgeführt wurde.

In dem Maße, in dem die römischen Feldflächen zunehmend erschöpft waren, war Rom auf Getreide aus anderen Ländern angewiesen. Die Eroberung getreidebauender Länder schuf neue Möglichkeiten der Ausbeutung durch die römische Finanz und für die Regierung selbst im Sinne einer Ausplünderung. Um den Lebensunterhalt der Bevölkerung zu sichern und den steigenden Anspruch der wohlhabenden Schicht auf den Besitz ausländischer Ländereien zu befriedigen, waren große Armeen erforderlich.

So wurden ausländische Provinzen und nicht Italien selbst die Grundlage des römischen

Wohlstandes. Die Bevölkerung Roms war zu groß geworden, ein zu buntes Gemisch, zu komplex, um sie als eine Einheit zu betrachten. Selbst die Optimaten im alten Rom wurden zu bewußten Anwälten kolonialer Ansprüche. Auch CICERO, der anfänglich mit Leidenschaft die Kolonisierung bekämpfte, unterstützte schließlich die kolonialen Projekte des Tribunen FLAVIUS, weil auf diese Weise die Stadt vom Pöbel befreit werden und das öde verlassene Italien wieder bevölkert werden könne. Aber die Kolonien der letzten Republik entsprachen nicht den Erwartungen. Es fehlte ein Überschuß bäuerlicher Bevölkerung, um sie in den neuen Kolonien ansiedeln zu können. Rom gab seine eigene Bauernbevölkerung preis und versuchte aus arbeitsscheuen städtischen Almosenempfängern und alten Armeeveteranen neue Bauern zu schaffen. Aber die Vertreter beider Gruppen wurden nicht zu erfolgreichen Bauern, selbst auf den besten Böden. Die Kolonien gediehen nicht, die Kolonisten waren in der Regel bestrebt, sich legal und so schnell wie möglich wieder von ihrem zugewiesenen Grund und Boden zu trennen. So wies der gleiche CICERO darauf hin, daß in den Kolonien SULLAS sich Latifundien entwickelt hätten, die von wenigen beherrscht würden (SINKHOVITCH 1916).

Erwähnt sei auch die geheimnisvolle Auswanderung der Mayas, die Kulturschätze, Häuser und Paläste zurückließen. Etwa im 7. Jahrhundert n. Chr. verließ ein ganzes Volk das Tiefland von Guatemala und wanderte in das nördliche Yukatan. Blühende Städte verödeten, Bauwerke zerfielen und wurden vom Dschungel überwuchert. Man hat Naturkatastrophen, Seuchen und Klimaänderungen als Ursachen für die Auswanderung diskutiert. Heute neigt man vielfach der Auffassung zu, daß auch hier eine Erschöpfung des Bodens die Auswanderung erzwang. In pflugloser Kultur wurde der von Bäumen durch Abbrennen befreite Dschungel mit Mais, Bohnen, Baumwolle, Süßkartoffeln und Tabak bepflanzt. Den Feldern mußte sehr bald eine Ruhepause gewährt werden, die um so länger sein mußte, je häufiger sie mit den genannten Kulturpflanzen bestellt worden waren. Amerikanische und holländische Nematologen sind der Meinung, daß die eingetretene Bodenerschöpfung auf eine Massenverseuchung der Böden mit pflanzenparasitären Nematoden zurückzuführen ist. Diese Meinung wird dadurch begründet, daß die von den Mayas angebauten Kulturpflanzen sämtlich empfindliche Wirte pflanzenparasitärer Nematoden sind, die in den Tropen und Subtropen weit verbreitet sind und unter dortigen Verhältnissen sich stark vermehren können. Künstliche Bewässerung trägt weiterhin stark zur Ausbreitung der Schädlinge bei (GOFFART 1958).

Eine schlüssige Beweisführung im Sinne der Nematodenverseuchung wird man weder für den Untergang Roms noch für die Auswanderung der Mayas erbringen können. Andererseits darf sicherlich mit einem hohen Grad von Wahrscheinlichkeit damit gerechnet werden, daß den Nematoden hierbei eine maßgebliche Rolle zuzuordnen ist.

Auch in heutiger Zeit kann der Anbau von Kulturpflanzen maßgeblich durch Nematoden beeinflußt werden. "The pepper industry of Indonesia has been almost entirely destroyed by the yellows disease", für die *Radopholus similis* Cobb. 1893 (Thorne 1949) verantwortlich gemacht wird. Auf der Insel Banka, auf der im Jahre 1953 22 Millionen pepper trees angebaut wurden, ging der Anbau auf weniger als 10% zurück (VAN DER VECHT 1950). Weitere Beispiele, unterschiedlich in Umfang und Stärke des Auftretens, ließen sich anführen. In Kalifornien sei die root-lesion disease der Walnuß erwähnt, die durch *Pratylenchus vulnus* Allen (Jensen 1951) bedingt ist, und the slow decline of citrus, die mit *Tylenchulus semipenetrans* Cobb. 1913 in Zusammenhang steht (RASKI 1959).

Hungersnöte und durch andere Umstände bedingte Entbehrungen, so tragisch und gefahrbringend sie sein mögen, sind die wirklichen spezifischen Beispiele für die Bedeutung der Pflanzenkrankheiten in ihrer Auswirkung auf den Menschen. Wir kennen viele Fälle, in denen die Landwirtschaft maßgeblich gefährdet und gelegentlich sogar in ihren Existenzgrundlagen vernichtet worden ist, wenn erhebliche Verluste von Dauer durch Pflanzenkrankheiten eingetreten waren. Der Wiederaufbau in einer derart betroffenen Region ist überaus schwierig. Vielfach gilt es dann, eine als Ersatz geeignete Kulturpflanze anzubauen, die für das betreffende

Gebiet zumindest annähernd gleiche wirtschaftliche Bedeutung besitzen muß. Hierbei sind neue Techniken zu erlernen und zu meistern, und der Markt muß aufnahmefähig für das neue Produkt sein. Zumeist vollzieht sich ein derartiger Wandel nicht reibungslos. So können Epidemien und Pandemien pflanzenpathogener Krankheitserreger nicht selten einen irreparablen Schaden bedingen. Die Erkennung der Bedeutung dieser Zusammenhänge ist der erste Schritt, um ihnen wirksam begegnen zu können.

LITERATURVERZEICHNIS

ABEYGUNAWARDENA, D. V. W., 1969: Diseases of Cultivated Plants. Their Diagnosis and Treatment in Ceylon Ceylon. Colombo Apothecaries Co.

AL-ANI, H. Y., 1970: Blue mould disease of tobacco. FAO Plant Protect. Bull. **18**, 21.

ALISON, W. P., 1847: Observations on the Famine of 1846–1847, in the Highlands of Scotland and in Ireland. W. Blackwood & Sons, Edinburgh and London.

AMELUNG, D., 1966: Krankheitserreger und Schädlinge auf Futterpflanzen bzw. Futtermitteln als Ursache für Gesundheitsstörungen bei Haustieren. Wiss. Z. Univ. Rostock, mathemat.-naturwiss. Reihe **15**, 245–249.

APPEL, O., 1907: Beiträge zur Kenntnis der Kartoffelpflanze und ihrer Krankheiten. I. Arb. Kaiserl. Biolog. Reichsanst. Land- u. Forstwirtschaft Berlin-Dahlem **5**, 377.

ARKER, H., 1928: Die *Peronospora* des Hopfens. Eugen Ulmer, Stuttgart.

BECKER, A., 1967: Ist Mutterkornbefall bedeutungslos? Gesunde Pflanzen **19**, 41–44.

BENADA, J., 1963: Epidemie rzi plevové (*Puccinia striiformis* Westend.) na psenicích ba Morave v roce 1961. Rostlinna Výroba **9**, 593–604.

BLASDALE, W. C., 1903: On rust of cultivated snapdragon. J. mycol. **9**, 81–82.

BLATTNÝ, C., 1927: *Peronospora* (Falscher Mehltau) des Hopfens. Recueil de Travaux des Instituts des Recherches Agronomiques de la République Tchécoslovaque, Praha.

—, — 1935: Die Hopfenperonospora war in Europa schon vor dem Weltkriege! Saazer Hopfen- u. Brauereiztg. **48**, Nr. **14** vom 6. 4.

BLUMER, S., 1951: Das epidemische Auftreten eines Oidiums auf *Syringa vulgaris* L. Phytopath. Z. **17**, 478–488.

—, — 1967: Echte Mehltaupilze (*Erysiphaceae*). VEB Gustav Fischer Verlag Jena.

BOURKE, P. M. A., 1964: Emergence of potato blight, 1843–46. Nature **203**, 805–808.

—, — 1965: The Potato, Blight, Weather and the Irish Famine. Nat. Univ. Ireland Dublin, Ph. D. degree Thesis.

BRAUN, H., 1953: Die Verschleppung von Pflanzenkrankheiten und Schädlingen über die Welt. Arbeitsgemeinschaft Forschg. des Landes Nordrhein-Westfalen, Heft 32.

BROEKHUIZEN, S., 1955: Het gele-roestproblem in 1955. Tienjarenplan voor het graanonderzoek. Verslag over het tweede jaar, Wageningen, **2**, 96–108.

CATONI, G., 1934: Deperimenti e mortalita dei frutteti nella Venezia Tridentina. Alm. Agr. pel 1934 (Cons. Prov. Ec. Corp.-Trento), **52**, 24–40.

CHRISTOFF, A., 1958: Die Obstvirosen in Bulgarien. Phytopath. Z. **31**, 381–436.

—, — 1959: Investigations on plum pox disease and possibilities for the control. Ovoshtarstvo **6**, 28–32.

CORBAZ, R., 1961: Considérations sur l'épidémie de mildiou du tabac (*Peronospora tabacina* Adam) en Europe. Phytopath. Z. **42**, 39–44.

—,— 1964: Évolution de l'épidémie de mildiou du tabac (*Peronospora tabacina* Adam). Phytopath. Z. **51**, 190–191.

COXE, W., 1817: A Review of the Cultivation of Fruit Trees, and the Arrangement of Orchards. M. Carey and Son, Philadelphia.

CROPLEY, R., 1968: The identification of plum pox (sharka) virus in England. Plant pathol. **17**, 66–70.

DECKER, H., 1969: Phytonematologie. VEB Dtsch. Landwirtschaftsverlag, Berlin.

DIKOV, I., 1963: Da se izkorenyat markiranite ot sharka Slivovi duzveta. Ovoshtarstvo **10**, 31–32.

DORAN, W. L., 1921: Rust of *Antirrhinum*. Massachusetts agric. exp. stat., Bull. 202.

DOWNING, A. J., 1849: A footnote in Sargent, H. W., A visit to the London Horticultural Society's Garden. Horticulturist **4**, 14–17.

EARLE, F. S., 1928: Sugar-cane and its Culture. J. Wiley & Sons, New York; Chapman & Hall, London.

ENDEMANN, W., RAMSON, A., und EGERER, A., 1962: Die Anfälligkeit verschiedener Sorten und Zuchtstämme von *Nicotiana tabacum* L. gegenüber *Peronospora tabacina* Adam. Ber. Inst. Tabakforschg. Dresden **IX/1**, 5–49.

ESFANDIARI, E., 1946: Deuxième liste des fungi ramassés en Iran. Ent. Phytopath. Appl. Tehran, 10–16.

FRÖHLICH, G., und RODEWALD, W., 1963: Pflanzenschutz in den Tropen. Wiss. Z. Karl-Marx-Univ. Leipzig, mathemat.-naturwiss. Reihe, Sonderband III.

FULLER, J. G., 1968: The Day of St. Anthony's Fire. The Macmillan Comp., New York.

GÄUMANN, E., 1951: Pflanzliche Infektionslehre. Birkäuser, Basel, 2. Aufl.

GANGULY, D., 1946: *Helminthosporium* disease of paddy in Bengal. Sci. Cult. (Calcutta) **12**, 220–223.

—, — und PADMANABHAN, S. Y., 1959: *Helminthosporium* disease of rice. III. Breeding resistant varieties — selection of resistant varieties from genetic stock. Indian Phytopathology **12**, 99–110.

GARNER, R. J., 1957: Veterinary Toxicology. Baillière, Tindall and Cox, London, 268–270.

GEOFFRION, R., 1964: L'ergot du seigle dans l'ouest. Phytoma **161**, 45–48.

GLEDITSCH, J. G., 1765: Neue physicalisch-öconomische Beobachtungen und Versuche über die Vermehrungsarten der Tartuffelstaude und ihre darauf gegründete ausnehmende Fruchtbarkeit. Vermischte physic.-bot.-oekon. Abhdlg. Halle, 157–198.

GOFFART, H., 1958: Das Geheimnis der verlassenen Maya-Städte. Umschau **58**, 25.

GRÖGER, D., 1969: Ergolinalkaloide. In MOTHES, K. und SCHÜTTE, H. R., Biosynthese der Alkaloide. VEB Dtsch. Verlag d. Wiss., Berlin, 486–509.

GUR, A., 1957: The compatability of the pear with quince rootstocks. State of Israel, Min. Agric., Agric. Res. Stat., Div. Horticult. and Fac. Agric. Hebrew Univ., Spec. Bull. No. 10.

GUYOT, M., 1921: Notes de pathologie végétale. Bull. soc. path. vég. France **8**, 132–136.

HALISKY, P. M., PRATO, J. D., HOUSTON, B. R. and LINDT, J. H., 1962: Stripe rust epidemic in Central California. California agric., **16**, 5–6.

HAMPP, H., 1931: Ist die *Peronospora* eine neue Krankheit? Allg. Hopfen- u. Brauereiztg. **17**, 819–821.

HASSEBRAUK, K., 1960: Der Getreiderost — ein auch heute noch nicht bewältigtes Problem der Landwirtschaft. Umschau **60**, 436–438.

—, — 1962: Die Gelbrostepidemie 1961 in Deutschland. Nachrichtenbl. dtsch. Pflanzenschutzdienstes Braunschweig **14**, 22–26.

—, — 1967: Zur Epidemiologie des Schwarzrostes in Mitteleuropa. Phytopath. Z. **60**, 169–176.

HAWKES, J. G., 1958: Significance of wild species and primitive forms for potato breeding. Euphytica **7**, 257–270.

HEDRICK, U. P., 1917: The peaches of New York. State of New York, Dept. Agric., Twenty-fourth Annu. Rep., Vol. **2**, Part II.

HEYBROEK, H. M., 1966: Dutch elm disease abroad. Americ. forests June.

HOERNER, G. R., 1940: The infection capabilities of hop downy mildew. J. agric. res. **61**, 331–334.

HOLLRUNG, M., 1932: 100 Jahre Kartoffelkrankheit. Ein kritischer Rückblick. Kühn-Arch. **33**, 1–94.

HORI, S., 1901: (Leaf blight of rice plant). Bull. cent. agr. expt. stat. Tokyo **18**, 67–84, japanisch.

HUTCHINS, L. M., COCHRAN, L. C. and TURNER, W. F., 1951: Phony: In Virus diseases and other disorders with virus-like symptoms of stone fruits in North America. U.S. Dept. Agric., Handbook No. 10, 17–25.

JENSEN, D. D., GRIGGS, W. H., GONZALES, C. Q. and SCHNEIDER, H., 1964: Pear decline virus transmission by pear psylla. Phytopathology **54**, 1346–1351.

JOSIFOVIĆ, M., 1937: Mozaik na šljivi, jedna virusa bolest šljive. Arh. Minist. Poljopr. **4**, 131–133.

KEGLER, H. und KLINKOWSKI, M., 1967: Untersuchungen zum Nachweis des virösen Birnenverfalls (Pear decline). Phytopath. Z. **58**, 293–297.

KLEMM, M., 1934: Schwarzrostauftreten in Deutschland und Südosteuropa im Jahre 1932. Landw. Jb. **80**, 333–351.

KLINKOWSKI, M., 1957: Entwicklung und wirtschaftliche Bedeutung der pflanzlichen Virologie. Wiss. Annalen **6**, 46–62.

—, — 1960: Die wirtschaftliche Bedeutung pflanzlicher Virosen. Angew. Bot. **34**, 165–178.

—, — 1961: Der Blauschimmel des Tabaks (*Peronospora tabacina* Adam). Dtsch. Landw. **12**, 229–232 und 237–239.

—, — 1962: Die europäische Pandemie von *Peronospora tabacina* Adam, dem Erreger des Blauschimmels des Tabaks. Biolog. Zbl. **81**, 75–89.

—, — 1964: Die Ausbreitung von Viruskrankheiten unserer Nutzpflanzen im europäischen Maßstab. In Probleme der Pflanzlichen Virusforschung, Sitz.-Ber. DAL zu Berlin **13**, 5–25.

—, — und SCHMELZER, K., 1957: Beiträge zur Kenntnis des Virus der Tabak-Rippenbräune. Phytopath. Z. **28**, 285–306.

—, — und SCHMIEDEKNECHT, M., 1960: Der falsche Mehltau des Tabaks *Peronospora tabacina* Adam, eine für Deutschland bisher unbekannte Tabakkrankheit. Nachrichtenbl. dtsch. Pflanzenschutzdienst Berlin, N. F. **14**, 61–74.

—, — und SEDLAG, U., 1953: Ein Beitrag zur Epidemiologie und Prophyllaxe der Vergilbungskrankheit der *Beta*-Rüben (*Corium betae* Holmes). Nachrichtenbl. dtsch. Pflanzenschutzdienst Berlin N. F. **7**, 7–12.

KOVACHEVSKY, I. C., 1950: Kartofenata-Y-virose po tjutjuna. Mitt. Biol. Inst., Bulgar. Akad. Wiss., 123.

KRÖBER, H., 1961: Untersuchungen über die Blauschimmelkrankheit des Tabaks in Deutschland. III. Ausbreitung der Krankheit im Jahre 1960 und Folgerungen für ihre Bekämpfung. Nachrichtenbl. dtsch. Pflanzenschutzdienstes Braunschweig **13**, 69–70.

KRÖHMER, G., 1856: Die Kartoffel-Krankheit. Ihre Ursachen und Heilung oder Beseitigung auf naturgesetzlichem Wege. G. Gensel, Grimma.

LANG, W., 1925: Der falsche Mehltau an Hopfen. Nachrichtenbl. dtsch. Pflanzenschutzdienst **5**, 63–64.

LEVISHKO, P. A., 1960: Zheltuhka persika v Turkmenii. In Virusnye bolezni pastenii i mery borbi snimi. Moskau, 380–388.

LIBERT, M. A., 1845: Kurze Mitteilung an die Zeitung „Journal de Liège" am 19. August unter der Überschrift „Au Rédacteur".

LIEBIG, J. VON, 1865: Die Naturgesetze des Feldbaues. 8. Aufl.

MADER, C., 1908: La mortalita dei peri nella plaga die Bolzano-Gries. Alm. Agr. pel 1908 (Sez. Trento Cons. Prov. Agric. Tirolo), **26**, 347–350.

MARSH, R. W., 1968: Moulds, mildews and men. Nature **218**, 1017–1019.

MARTIN, J. F., 1939: Eradication of the cultivated black currant in white pine regions. U. S. Dept. Agric., Leaflet 175.

McKAY, R., 1953–54: Note on historic letter relating to potato blight and the famine years. J. dep. agric. and techn. instruct. for Ireland **50**, 7 Seiten.

—, — 1956–57: A retrospect of fifty years outbreaks of potato blight in Ireland 1907–1956. J. dep. agric. and techn. instruct. for Ireland **53**, 8 Seiten.

McLARTY, H. R., 1948: Killing of pear trees. Annu. Rep. Canad. Plant Dis. Survey **28**, 77.

MILNE, D., 1847: Observations on the Probable Cause of the Failure of the Potato Crop in 1845 and 1846. W. Blackwood, Edinburgh und London.

MIYABE, K. and TAKAHASHI, Y., 1905/06: A new disease of the hop-vine caused by *Peronoplasmopara humuli* n. sp. Trans. Sapporo Nat. History Soc. **1**, Part 2.

MONTAGNE, C., 1845: Communication sur la maladie qui ravaçe les pommes de terre. L'Institut, Nr. 609, 312–313.

MÜLLER, K., 1918: Rebschädlinge und ihre neuzeitliche Bekämpfung. G. Braun'sche Hofbuchdruckerei, Karlsruhe.

NICHOLS, C. W., BLANC, F. L., MILLECAN, A. A. and BARBE, G. D., 1965: A new explanation of the spread of pear psylla and pear decline virus in California. Bull. Dept. Agric. California **54**, 133–144.

—, —, —, —, —, — and —, — 1966: Spread of pear psylla and pear decline virus in California. Phytopathology **56**, 150.

—, —, SCHNEIDER, H., O'REILLY, H. J., SHALLA, T. A. and GRIGGS, W. H., 1960: Pear decline in California. Bull. Dept. Agric. California **49**, 186–192.

—, — and SHALLA, T. A., 1960: Pear decline and its apparent southward spread along the Pazific coast of North America. FAO Plant Protection Bull. **9**, 39–42.

NIEDERHAUSER, J. S., 1956: The blight, the blighter, and the blighted. Transact. New York Acad. Sci., Ser. II, **19**, 55–63.

OORT, A. J. P., 1955: Verspreiding en verwantschap van physiologische rassen van gele roest (*Puccinia glumarum*) van tarwe in Europa. T. Plantenziekt. **61**, 202–219.

OU, S. H. and JENNINGS, P. R., 1969: Progress in the development of disease-resistant rice. Annu. Rev. Phytopathology **7**, 383–410.

PADMANABHAN, S. Y., GANGULY, D. and CHANDWANI, G. H., 1966: *Helminthosporium* disease of rice. VIII. Breeding resistant varieties: selection of resistant varieties of early duration from genetic stock. Indian Phytopathology **19**, 72–75.

PADWICK, G. W., 1950: Manual of Rice Diseases. The Commonwealth Mycol. Inst. Kew, Surrey.

PAYEN, A., 1846: Enquête sur la maladie des pommes de terre en France, pendant les années 1845 et 1846. Bull. Séances Soc. Roy. et Centrale d'Agric. **2**, 625–638.

PETZHOLDT, A., 1846: Die sogenannte Kartoffelfäule. Eine auf Veranlassung des Hohen Ministeriums des Innern unternommene Untersuchung dieser Krankheit. Dresden und Leipzig.

PHILIPPS, E. P., 1940: Control of crop and plant diseases. Annu. Rep. Div. Bot. and Plant Pathology. Farming South Africa **15**, 519–520.

PLAKIDAS, A. G., 1962: Pear decline on Ikaria Island. Plant Dis. Reptr. **46**, 150.

POBEGAJLO, I., 1960: The investigations of sharka-disease of plum trees (plum pox; *Pr.* virus 7 Christ.). In Ispitivanja Sarke Sljive (*Prunus* virus 7 Christ.). Inst. for Fruit- and Winegrowing Sarajevo, 75–195.

POPULER, CH., 1965: Le mildiou du tabac, *Peronospora tabacina* Adam. Chronologie de l'apparition annuelle des foyers en Europe. Parasitica **21**, 37–39.

POSNETTE, A. F., 1947: Virus diseases of cacao in West Africa. I. Cacao virus I A, I B, I C and I D. Ann. Appl. Biol. **34**, 388–402.

PRINCE, W. R., 1828: A short treatise on horticulture. T. and J. Sevords, New York, 14–15.

—, — 1846: Cure of the yellows in peach trees. Horticulturist **1**, 318–319.

PUTSCHE, C. W. E. und BERTUCH, F. J., 1819: Versuch einer Monographie der Kartoffeln, nach ihrer Geschichte, Charakteristik, Kultur und Anwendung in Teutschland. Weimar, 34–37.

QUANJER, H. M., en ROLAND, G., 1936: De vergelingsziekte en de mosaiekziekte van die suiker- en voederbiet. I. Geschiedenis van het onderzoek over de vergelingsziekte en de mosaiekziekte van de biet. II. Onderzoek van de vergelingsziekte van de biet, met enkele opmerkingen over de mosaiekziekte. T. plantenziekt. **42**, 45–70.

RACKHAM, R. L., ALDERMAN, D. C., O'REILLY, H. J. and NICHOLS, C. W., 1964: Pear decline incidence and severity in California 1960, 1961 and 1962. Plant Dis. Reptr. **48**, 204–205.

RASKI, D. J., 1959: Historical Highlights of Nematology. In HOLTON, C. S. et al. Plant Pathology, Problems and Progress 1908–1958, 384–394. Univ. of Wisconsin Press, Madison, Wisc.

RAUHALA, A., 1951: *Puccinia Komarovi* Tranzsch. in Finnland gefunden. Arch. soc. zool. bot. Fennicae ‚Vanamo' **6**, 59–63.

REBEL, H., 1969: Phytotoxins of *Ceratocystis ulmi*. Diss. Univ. Utrecht.

REDDICK, D., 1943: Development of blight-immune varieties. Americ. Potato J. **20**, 118–126.

REFATTI, E., 1964a: Pear moria in Italy. FAO Plant Protection Bull. **12**, 1–7.

—, — 1964b: La moria del pero in Italia. Notiz. Malatt. Piante N. **68** (N. S. 47), 85–122.

RICHTER, H., 1934: Die Ausbreitung des Ulmensterbens in Nordamerika. Nachrichtenbl. dtsch. Pflanzenschutzdienst **14**, 105–106.

ROGER, L., 1951: Phytopathologie des Pays Chauds. Paul Lechevalier, Paris, tome **1**, 932.

ROSS, H., 1959: Über die Verbreitung der Tabakrippenbräunestämme des Y-Virus der Kartoffel (*Marmor ypsilon* Holmes var. *costaenecans* Klinkowski u. Schmelzer) in Deutschland und anderen Ländern. Phytopath. Z. **35**, 97–102.

RUTTER, J., 1880: Culture and Diseases of the Peach. Every Saturday Night Office, Harrisburg, 70.

SALAMAN, R. N., 1949: The History and Social Influence of the Potato. University Press, Cambridge.

SALMON, E. S. and WARE, W. M., 1925: The downy mildew of the hop and its epidemic occurrence in 1924. Ann. Appl. Biol. **12**, 121–151.

—, — and Wormald, H., 1923: Three new diseases of the hop. J. Min. Agric. **30**, 430–435.

SARASOLA, A. A., 1960: El decaimiento del peral en el valle del Rio Negro. Inst. Nacional de Technol. Agropecuaria, Inst. Patol. Vegetal (Argentina), Publicacion Tecnica No. 60.

SCHLÖSSER, L. A., 1953: Zur Frage der Wanderung europäischer Rübenvirosen. Phytopath. Z. **20**, 75–82.

SCHMID, G., 1968: Die Sharka, eine neueingeschleppte Virose an Zwetschgenbäumen. Schweiz. Z. Obst- u. Weinbau **104**, 121–123.

SCHUCH, K., 1959: Die Pockenkrankheit der Zwetsche. Mitt. Biolog. Bundesanst. Land- u. Forstwirtschaft Berlin-Dahlem, H. 97, 77–81.

SCHUHMANN, G., 1962: *Hymenomycetes*, I. Teil in *Basidiomycetes*. In Sorauer, Handbuch d. Pflanzenkrankht. Band **3**, 4. Lieferg., Paul Parey, Berlin und Hamburg, 544–549.

SCHWARZ, M. B., 1922: Das Zweigsterben der Ulmen, Trauerweiden und Pfirsichbäume. Diss. Univ. Utrecht.

SEHINAZ SAHTIYANCI, 1969: Sharka virus on plum. FAO Plant Protection Bull. **17**, 68–69.

SHALLA, T. A. and CHIARAPPA, L., 1961: Pear decline in Italy. Bull. Dept. Agric. California **50**, 213–216.

SIMKHOVITSCH, V., 1916: Rome's fall reconsidered. Political Sci. Quart. **31**, 201–243.

SKOTLAND, C. B., 1961: Infection of hop crowns and roots by *Pseudoperonospora humuli* and its relation to crown and root rot and overwintering of the pathogen. Phytopathology **51**, 241–244.

SMITH, E. F., 1888: Peach yellows: a preliminary report. U. S. Dept. Agric., Bot. Div., Bull. No. 9, 17–18, 42, 68–79.

SMITH, K. M. and DENNIS, R. G. W., 1940: Some notes on a suspected variant of *Solanum* virus 2 (potato virus Y). Ann. appl. Biol. **27**, 65–70.

STAKMAN, E. C., 1947: International problems in plant disease control. Proc. Americ. Phil. Sci. **91**, 95–111.

—, — and LAMBERT, E. B., 1928: The relation of temperature during the growing season in the spring wheat area of the United States to the occurrence of stem rust epidemics. Phytopathology **18**, 369–374.

STEVENS, N. E., 1933: Dark ages in plant pathology in America 1830–1870. J. Washington Acad. Sci. **23**, 435–446.

STOUT, G. L., 1963: Bur. Plant Pathol. 43rd Annu. Rep., Bull. Dept. Agric. California **52**, 109–117.

TIITS, A., 1964: Ploomi viirushaiguse sarka esinemisest Eesti NSV-s, Eesti NSV Tead. Akad. Toim., Ser. biol. **13**, 205–209.

TODOROVIĆ, S. B., 1952: Problem šarke šljive. Zasht. Bilja, Beograd, **3**, 57–62.

TREGGI, G., 1964: Una sintomatologia virotica in piante di Susino. Agric. Ital., Pisa, 354–360.

TULLIS, E. C., 1935: Histological studies of rice leaves infected with *Helminthosporium oryzae*. J. agric. res. **50**, 81–90.

USCHDRAWEIT, H. A., 1949: Eine ernste Bedrohung der Teekultur Indonesiens durch *Exobasidium vexans* Mass. Phytopath. Z. **16**, 124–125.

VAN DER VECHT, J., 1950: Op planten parasiterende aaltjes (*Tylenchidae*). In Plagen van de cultuurgewassen in Indonesie Deei 1, N. V. Uitgeverij W. van Hoere, 'S-Gravenhage/Bandoeng, 16–42.

VENKATARAMANI, K. S., 1956: Annual Administration Report for 1955–1956 of the Scientific Department (Tea Section) of the United Planters Association of Southern India.

VERDEREVSKAJA, T. D. und VESMIN'SH, L. K., 1966: Virus ‚ospy' Sliv v Moldavia. Infekts. Zabol.-kultur. Rast. Mold., 37–43.

VERONA, O., 1951: Breve storia della ruggine dell' antirrino. Univ. Pisa, Ist. Patol. Veget. e Microbiol. Agrar. e Technica, Boll. Tecnico N. 4.

WALLACE, J. M., 1932: Physiologic spezialization as a factor in the epiphytology of *Puccinia graminis tritici*. Phytopathology **22**, 105–142.

WARING, W. G., 1851: Reply of Centre County, Pennsylvania, 242.

WELLMAN, F. L., 1970: *Hemeileia* coffee rust in South America. Phytopathology News **4**, number 6.

WHITNEY, M., 1925: Soil and Civilization. Plimpton Press, Norwood, Mass.

WILKINS, E., 1875: The grape *Phylloxera* and the yellows on peach trees. Americ. Farmer 4, n. s., 100–102.

WOLF, F. A., 1957: Tobacco Diseases and Decays. Duke Univ. Press, Durham, North Carolina, 2. Aufl.

WOLLENWEBER, H. W. und STAPP, C., 1928: Untersuchungen über die als Ulmensterben bekannte Baumkrankheit. Arb. Biolog. Reichsanst. Land- u. Forstwirtschaft Berlin-Dahlem **16**, 283–324.

WOOD, J. I., 1953: Three billion dollars a year. In Plant Diseases, Yearbook Agric., 1–14.

—, — and LIPSCOMB, B. R., 1956: Spread of *Puccinia polysora* with a bibliography on the three rusts of *Zea mays*. Spec. Publ. No. 9, issued by Plant dis. epid. identific. sect., Agric. Res. Service, U. S. Dept. Agric.

WOODHAM-SMITH, E., 1962: The Great Hunger, Ireland, 1845–1849. H. Hamilton, London.

WOODHEAD, J., RAMAMURTY, S. V., NANAVATI, M. B., HUSAIN, M. A., AYKROD, W. R., GOPALASWAMI, R. A. and JUNAID, M. M., 1945: The Famine Inquiry Commission, Final Report. Published by the Manager of Publications (Govt. of India), Delhi, 518 Seiten.

ZADOKS, J. C., 1961: Yellow rust on wheat. Studies in epidemiology and physiologic spezialization. T. Plantenziekt. **67**, 69–256.

—, — 1965: Epidemiology of wheat rusts in Europe. FAO Plant Protection Bull. **13**, No. 5, 1–12.

ZATTLER, F., 1929: Die Leistungen der Hopfenpflanzer in Bayern in den Jahren 1927 und 1928 auf dem Gebiet der Krankheits- und Schädlingsbekämpfung. Prakt. Bl. Pflanzenbau u. Pflanzenschutz **6**, 267–274.

—, — 1964: Auftreten und Bekämpfung der Peronosporakrankheit unter besonderer Berücksichtigung des deutschen Hopfenbaues. Brauwelt **104**, 1381–1387.

FSC
www.fsc.org
MIX
Papier | Fördert gute Waldnutzung
FSC® C083411

Kolibri 360 GmbH
Ferdinand-Jühlke-Straße 7
99095 Erfurt, Deutschland
produktsicherheit@kolibri360.de